Mit Selbstcoaching zum Traumjob

Jürgen Nawatzki

Mit Selbstcoaching zum Traumjob

Wie Sie in fünf Schritten Ihre wahre Berufung entdecken und umsetzen

Springer Gabler

Dr. Jürgen Nawatzki
Dr. Nawatzki Karriereberatung!
Paderborn, Deutschland

ISBN 978-3-658-01308-0 ISBN 978-3-658-01309-7 (eBook)
DOI 10.1007/978-3-658-01309-7

Die Deutsche Nationalbibliothek verzeichnet diese Publikation in der Deutschen Nationalbibliografie; detaillierte bibliografische Daten sind im Internet über http://dnb.d-nb.de abrufbar.

Springer Gabler

Lektorat: Irene Buttkus, Imke Sander
Layout und Satz: workformedia | Frankfurt am Main | München

Gedruckt auf säurefreiem und chlorfrei gebleichtem Papier

Springer Gabler ist eine Marke von Springer DE. Springer DE ist Teil der Fachverlagsgruppe Springer Science+Business Media.
www.springer-gabler.de

Der Mensch kann zwar tun, was er will,
aber er kann nicht wollen, was er will.

[Arthur Schopenhauer]

Vorwort

Kein Mensch weiß, was in ihm schlummert und zutage kommt, wenn sein Schicksal anfängt, ihm über den Kopf zu wachsen.

[Marie von Ebner-Eschenbach]

Das Thema der Entdeckung meiner Berufung und deren Umsetzung in den dazu passenden Traumjob beschäftigt mich schon seit langer Zeit. Ich bin fest davon überzeugt, dass es für jeden Menschen sowohl eine Tätigkeit als auch ein Tätigkeitsumfeld gibt, die ihm auf den Leib geschrieben sind.

Bisher gab es jedoch kein Buch, das einen umfassenden Ansatz zum Selbstcoaching zur Entdeckung der eigenen Berufung enthielt. Ich habe daraufhin im Zeitablauf meinen eigenen Ansatz entwickelt, den ich Ihnen in diesem Ratgeber vorstelle.

Wenn Sie also dabei sind, sich beruflich neu zu orientieren, Ihre wahre Berufung zu entdecken und in Ihren persönlichen Traumjob umzusetzen, ist das vorliegende Buch genau das Richtige für Sie.

Bei der Entstehung dieses Buches haben mich einige Menschen sehr unterstützt, denen ich hierfür explizit danken möchte. Zum einen ist es meine Mutter, die mir den Rücken stets frei gehalten hat, so dass ich mich voll und ganz auf meinen Beruf konzentrieren konnte.

Zum anderen ist es Dipl.-Ing. Dirk Seefeldt, der mich mit seinem ausgeprägten Interesse am Thema, seinem konzeptionellen Weitblick, guten Ideen und seiner Liebe zum Detail in der Entstehungsphase dieses Buches stark unterstützt hat.

In der Schreibphase hat er weitestgehend die Aufgabe und Funktion eines Lektors wahrgenommen. Dankbar bin ich ihm auch dafür, dass er mich während des Schreibens oft ermuntert und bestärkt hat, so dass mich dies zusätzlich zu meinem eigenen inneren Antrieb auch von außen stark motiviert hat.

Außerdem danke ich meiner Agentin Christine Proske von Ariadne-Buch für die äußerst konstruktive Zusammenarbeit. Was mich von Anfang an begeistert hat, war die Schnelligkeit, mit der sie arbeitet und Entscheidungen trifft. Und vor allem dafür, dass sie mich und meinen Ratgeber erfolgreich vermittelt hat. Und schließlich danke ich den Mitarbeiterinnen des Verlages Springer Gabler, Frau Irene Buttkus für das Lektorat sowie Frau Imke Sander für das Projektmanagement. Beide haben umfassend dazu beigetragen, dieses Buchprojekt erfolgreich umzusetzen.

Dieser Ratgeber richtet sich selbstverständlich an Leser beiderlei Geschlechts. Da es sprachlich wenig elegant ist, immer explizit beide Geschlechter anzusprechen, habe ich mich aus sprachästhetischen Gründen für die traditionelle männliche Ansprache des Lesers entschieden.

Und jetzt wünsche ich Ihnen, dass Sie mit Hilfe dieses Ratgebers in einem Selbstcoachingprozess Ihre eigene Berufung entdecken und diese in Ihren persönlichen Traumjob umsetzen. Aus eigener Erfahrung kann ich Ihnen versichern, dass sich die Mühe unbedingt lohnt, weil sich Ihre Lebensqualität entscheidend verbessern wird. Und Sie werden auf Dauer ziemlich sicher mit der Tätigkeit, die Ihrer Berufung entspricht, auch Erfolg haben.

Paderborn, im Frühjahr 2013 — Dr. Jürgen Nawatzki

Inhaltsverzeichnis

Berufung, Traumjob und Lebensqualität

Jeder Mensch hat seine Berufung, und je länger unser Leben voranschreitet, um so mehr wird deutlich, was die Berufung unseres Lebens ist.

[Hans Küng]

Sind Sie dabei, sich beruflich neu zu orientieren? Sind Sie Berufseinsteiger, zurzeit ohne Arbeit, Berufsrückkehrer – zum Beispiel nach einer Familienphase – oder Karrierewechsler? Haben Sie sich schon einmal die Frage gestellt, was Sie beruflich lieber täten als alles andere? Dann sind Sie auf einem guten Weg und dieser Ratgeber wird Ihnen helfen, im Zuge eines Selbstcoachingprozesses Ihre Berufung zu entdecken und in Ihren Traumjob umzusetzen.

Gemäß einer Online Umfrage des Karriereportals Monster gehen 92 Prozent der Menschen in Deutschland, Österreich und der Schweiz nicht ihrem Traumjob nach.[1] Was sind die Ursachen hierfür?

Die meisten Befragten glauben, sie könnten sich ihren Traumjob finanziell nicht leisten. Andere sagen, sie hätten keine Zeit, um sich die notwendigen Kenntnisse für ihren Traumjob anzueignen oder ihnen fehlt die entsprechende Unterstützung, zum Beispiel in Form geeigneter Seminare, Beratung oder Bücher. Und viele haben überhaupt keine klare Vorstellung bezüglich ihres Traumjobs. Sie gehen eher einem Job nach, um vorrangig ihren Lebensunterhalt zu verdienen, und sind weit davon entfernt, Ihre Berufung zu kennen und zu leben.

In diesem Zusammenhang stellen sich heute immer mehr Menschen die Frage nach dem Sinn ihrer Arbeit. Die Bedeutung von Coaching zur beruflichen (Neu-)Orientierung und dem Aufspüren der eigenen Berufung hat deshalb in den letzten Jahren stark zugenommen. Im Gegensatz zum Job, der in erster Linie eine Möglichkeit zum Geldverdienen ist, handelt es sich bei der Berufung um den inneren Ruf, den ein Mensch verspürt, etwas Wichtiges und Wesentliches zu tun. Es ist unsere Lebensaufgabe, diese Berufung zu finden und mit allen uns zur Verfügung stehenden Energien und Kräften zu leben. Dieser Ruf kann Menschen dazu bringen, etwas Außergewöhnliches zu tun. Mozart oder Einstein wurden nicht in erster Linie durch Geld oder Ruhm motiviert, sondern, weil sie sich ihren Talenten und Begabungen aus völlig freien Stücken widmeten. Es war für beide vor allem eine Herzensangelegenheit, ihre Arbeit zu tun.

Menschen, die ihre Berufung gefunden haben, fühlen sich in ihrem Element. [2] Sie kennen ihr Ziel und verfolgen dieses konsequent. An Weggabelungen und Wendepunkten ihres Lebens können sie sich auf ihre innere Stimme verlassen, die ihnen den richtigen Weg weist. Sie sind sich zudem über den Sinn ihres Lebens im Klaren und haben eine Antwort auf die Frage, warum sie auf der Welt sind. Diese Tatsache verleiht ihnen viel Energie, die andere für die Suche nach dem Sinn ihres Lebens verbrauchen. Zusätzlich sind Menschen, die ihre Berufung leben, oft auch materiell erfolgreich, da sich die Dinge dort bewegen, wo viel Energie ist.[3] Weiterhin haben sie eine hohe Lebensqualität, weil sie einen Großteil ihrer Zeit Dinge tun, die sie glücklich machen.[4] Arbeit, Freizeit und Urlaub verschmelzen miteinander. Und sie gehen einer Arbeit nach, die sie aus sich selbst heraus motiviert. Das heißt, sie sind intrinsisch motiviert. Im Gegensatz dazu wirken extrinsische Motivationsfaktoren wie Geld oder Statussymbole oft nur kurzfristig.

Unsere Berufung zu leben, heißt zudem, etwas Sinnvolles in unser Leben zu integrieren und uns selbst zu verwirklichen. Wenn Menschen eine Aufgabe als sinnvoll erleben, fällt sie Ihnen zudem oft ganz leicht. Last but not least haben glückliche Menschen, die ihre Lebensaufgabe kennen, oft eine unwiderstehliche Anziehung.[5]

Dieser Ratgeber will Ihnen helfen, die oben angesprochenen positiven Effekte zu erreichen, indem er Ihnen praxiserprobte Tools zum Selbstcoaching zur Verfügung stellt, damit Sie in fünf Schritten Ihre wahre Berufung entdecken und in Ihren Traumjob umsetzen können. Als Ihr eigener Coach steigern Sie so Schritt für Schritt Ihre Lebensqualität.

Unsere Berufung hat ihren Sitz im Unbewussten. Auf dieses haben wir jedoch keinen direkten Zugriff. Wir können es füttern, müssen dann aber abwarten, bis bestimmte Erkenntnisse in Form von Intuition und Inspiration in unser Bewusstsein gelangen. Es bekommt sozusagen die Argumente vom Verstand geliefert und arbeitet permanent an der Lösung, auch während wir schlafen. Diese Inkubationszeit dauert bei verschiedenen Menschen unterschiedlich lange. Unter anderem hängt sie davon ab, wie weit der Prozess der Berufungserkenntnis bereits fortgeschritten ist. Ist dieser Prozess bereits weit vorangeschritten, weil sich der Betreffende schon länger mit diesem Thema befasst, gelingt die Entdeckung der Berufung meist schneller als wenn sich der Betreffende erst am Anfang seiner Suche befindet. Dann können leicht Wochen und Monate ins Land ziehen. Es gibt auch Fälle, bei denen die Entdeckung der Berufung Jahre gedauert hat.

Zudem ist die Berufung nichts, was einmal entdeckt, gelebt und dann lebenslang abgehakt werden kann. Sie ist vielmehr ein kontinuierlicher Prozess des Entdeckens, Umsetzens und Sich-Weiterentwickelns.

Dass logisches Denken und intuitives Wissen zusammengehören, wusste schon Einstein. So antwortete er auf die Frage eines Journalisten, wie er denn darauf gekommen sei, sich solche komplizierten Vorgänge wie die Relativitätstheorie auszudenken: „Mit der Intuition, der Kopf ist da überfordert."

Dabei stellt sich auch die Frage, woran man erkennt, dass es sich tatsächlich um die eigene Berufung handelt. Die Antwort lautet: Man weiß es einfach. Es ist ein Gefühl absoluter Klarheit und Gewissheit, das aus dem tiefsten Inneren kommt. Man weiß es einfach, wenn es sich um die eigene wahre Berufung handelt. Das Denken ist dann klar, rein und eindeutig. Man will nicht mehr, was andere vielleicht von einem erwarten, sondern das, was man selber wirklich will.[6] Man spürt die eigene Mitte und tiefes Vertrauen in den eigenen Weg und die eigene Bestimmung.

Oft wird Menschen von Schulen, Freunden, Eltern oder anderen Rollenvorbildern beigebracht, ihre Karriereentscheidungen vor allem aufgrund äußerer Faktoren wie Trends, Sicherheit, Prestige, Macht oder Einkommen zu treffen. So war es auch bei mir. Die Entdeckung meiner Berufung war ein Prozess, der Jahre gedauert hat und zum Teil sehr steinig war.

Nach dem Studium der Betriebswirtschaftslehre, für das ich mich entschieden hatte, weil mir damit viele Wege offen standen, war ich zum ersten Mal mit der Frage konfrontiert, was ich werden will und ich hatte ehrlich gesagt keine Ahnung. Bei einem Streifzug durch die Uni studierte ich die schwarzen Bretter der verschiedenen Lehrstühle und stieß auf einen Aushang, auf dem ein wissenschaftlicher Mitarbeiter mit exakt meinem Profil gesucht wurde. Ich bewarb mich, hatte zwei Tage später einen Termin bei dem Professor des Lehrstuhls und drei Tage später die Zusage. Damit war mein Entscheidungsproblem vorerst gelöst und ich wurde für die nächsten Jahre wissenschaftlicher Mitarbeiter und schrieb eine Doktorarbeit.

Nach meiner Promotion stand ich erneut vor der Frage, was ich werden wollte und wusste es wieder nicht. Mir war nur klar, dass ich nach zwölf Jahren Uni neue Erfahrungen machen und die Praxis kennen lernen wollte. Aber ich hatte keine Vorstellung davon, was ich machen wollte. Betriebe und Unternehmen kannte ich nur aus der Theorie. Praktische Erfahrungen in einem Unternehmen hatte ich während meiner Studienzeit nur drei Wochen lang während eines Praktikums gemacht, in dem ich zwar in einige Abteilungen hineinschnupperte, aber an keinem Projekt mitarbeitete, und dementsprechend keine nennenswerten Erfahrungen sammeln konnte.

Ob ich zu einer Unternehmensberatung gehen sollte – mein Dissertationsthema legte dies nahe, aber nach sechs Jahren Beschäftigung mit diesem war ich es einfach leid – oder ob ich Vorstandsassistent werden oder ein Traineeprogramm machen wollte, wusste ich nicht. Ich war wie blockiert.

Hinzu kam die Tatsache, dass es 1993 rapide in die Weltwirtschaftskrise ging und ich Schwierigkeiten hatte, überhaupt einen adäquaten Berufseinstieg zu finden. Nach weit über 50 mehr oder weniger erfolglosen Bewerbungen orientierte ich mich neu und setzte mich mit dem Gedanken an eine Selbständigkeit auseinander.

Zentrum meiner Überlegungen war ein aufstrebendes Finanzdienstleistungsunternehmen, das bundesweit Akademiker berät. Dieses expandierte und suchte akademisch gebildete Berater, die als Selbstständige mit dem Status eines freien Handelsvertreters einer der zahlreichen Geschäftsstellen an Hochschulstandorten angehörten. Sie wurden vom Unternehmen ausgebildet und bauten sich einen eigenen Kundenstamm aus Jungakademikern auf, mit dem sie gemeinsam altern sollten.

Und solange ich noch nicht von meinen Umsätzen leben konnte, erhielt ich vom Unternehmen einen Vorschuss, der mit den erzielten Umsätzen verrechnet wurde. Zudem versprach der Job ein hohes Einkommen, was mich damals sehr reizte.

Da ich nicht länger arbeitslos sein wollte, ignorierte ich mein gegen diese Entscheidung rebellierendes Bauchgefühl und ging nach Hamburg, wo ich in jeder Hinsicht bei Null anfing. Ich arbeitete zwölf bis vierzehn Stunden am Tag, um mir zunächst das erforderliche Know-how anzueignen und dann einen eigenen Kundenstamm aufzubauen. Nennenswert Zeit für soziale Kontakte hatte ich nicht. Am Anfang dachte ich noch, ich könnte meine Kunden umfassend beraten, begriff dann aber schnell, dass ich vielmehr ein Verkäufer von Finanzdienstleistungen sein musste, um die Zielvorgaben zu erreichen. Der Schwerpunkt lag damals klar auf Lebensversicherungen, die dem Unternehmen und dem Berater eine besonders hohe Provision einbrachten.

Die Leistung eines Beraters wurde bei den internen Rankings fast ausschließlich am erzielten Lebensversicherungs-Umsatz gemessen. Sonst zählte nichts. Zwar war ich selbständig, doch wurde ich entsprechend der Dauer der Unternehmenszugehörigkeit budgetiert. Mein Bauch rebellierte weiter dagegen, nur ein besserer Verkäufer von Lebensversicherungen zu sein, aber ich ignorierte ihn, weil ich durch den Vorschuss an das Unternehmen gebunden war und dieses nicht mit Schulden verlassen wollte.

Außerdem wusste ich nicht, was ich stattdessen hätte machen sollen. Ich hatte nicht die blasseste Ahnung. Irgendwann verstummte mein Bauchgefühl mehr und mehr, bis es gar nicht mehr vernehmbar war. Dafür hatte ich immer öfter sogenannte Durchhänger, die sich mit Phasen, in denen ich sehr euphorisch war und meinen Umsatz machte, abwechselten. Nach vier Jahren war ich aus dem Vorschuss und verließ trotz eines mittlerweile hohen Einkommens das Unternehmen. Aber noch immer war mir nicht klar, was ich stattdessen werden wollte. Auch war ich noch nicht bereit, mein bisheriges Leben als promovierter Diplom-Kaufmann mit der Perspektive auf ein hohes Einkommen loszulassen.

Es folgten zwei kürzere Stationen im mittleren Management von Finanzdienstleistungsunternehmen, in denen ich mir zumindest klar darüber wurde, dass ich auch kein Manager bin. Von mir wurde erwartet, dass ich Veränderungen im Unternehmen durchsetzte, was ich aber nirgendwo gelernt hatte. Es fiel mir schwer, mit Widerständen der von den geplanten Veränderungen betroffenen Mitarbeiter umzugehen.

Ich wurde arbeitslos und war gezwungen, mich neu zu orientieren.

So begann ich ein Coaching und machte eine Talentanalyse, bei der herauskam, dass ich über mehrere nennenswerte Begabungen verfüge. Eines dieser Talente, meine Fähigkeit, mich schriftlich gut ausdrücken zu können, drängte auf Umsetzung und ich machte meine ersten Schritte als Schriftsteller. Ich begann, Kurzgeschichten und eine Erzählung zu schreiben. Dann schrieb ich einen autobiografischen Roman und machte die Erfahrung, dass ich durch das Schreiben dieses Romans meine Vergangenheit sehr gut verarbeiten konnte.

Parallel zum Schreiben beschäftigte ich mich mit der Literatur zum Thema Potenzialanalyse, Berufsfindung und Berufung und entdeckte hier und da brauchbare Instrumente, aber keinen umfassenden Ansatz, der mir weiterhalf, im Zuge eines Selbstcoaching meine wahre Berufung zu entdecken. Durch die intensive Beschäftigung mit dem Thema wurde mir jedoch nach und nach klar, dass ich zunächst als freiberuflicher Trainer im Bereich Berufsfindung und als Karriereberater arbeiten wollte. Daraufhin bot ich Seminare bei verschiedenen Bildungsträgern an und erhielt im Laufe der Zeit immer mehr Anfragen für Einzelcoachings. Dieser Aufbauprozess hat insgesamt gut drei Jahre gedauert. Mittlerweile bin ich seit mehreren Jahren erfolgreich als Karriereberater, Trainer, Coach, Redner und Autor tätig.

Aufbauend auf diesen Erfahrungen entwickelte ich meinen eigenen Ansatz, den ich Ihnen in diesem Ratgeber vorstelle. Dabei wird neben eigenen Tools auch auf einzelne Instrumente anderer Autoren zurückgegriffen, die ich zu einem neuen und sehr umfassenden Ansatz kombiniert, ergänzt und weiterentwickelt habe. Insgesamt dient dieser Ansatz als Grundlage für einen Selbstcoachingprozess und hat schon vielen meiner Klienten geholfen, ihre wahre Berufung Mosaikstein für Mosaikstein zu entdecken und in Ihren Traumjob umzusetzen. Dieser führt nicht immer sofort zum Ziel, zumindest aber mit einer hohen Wahrscheinlichkeit. In Einzelfällen kann es eine Weile dauern, bis im Zuge von Intuition und Inspiration die entsprechenden Erkenntnisse nach und nach in Ihr Bewusstsein gelangen. So, wie eine Insel langsam im Nebel auftaucht und ihre Konturen immer schärfer werden, wenn man sich ihr mit einem Schiff nähert.

Jedes Mal, wenn ich heute einen Workshop zum Thema berufliche (Neu-)Orientierung durchführe oder meine Klienten coache, spüre ich, dass dies genau die Tätigkeit ist, die ich mit Leib und Seele tue und die ich über alles liebe. Nach beruflich schwierigen Jahren und manchen Fehlschlägen habe ich jetzt meine wahre Berufung gefunden. Ich habe immer daran geglaubt, dass es sie gibt. Heute quäle ich mich nicht mehr lustlos ins Büro, um etwas zu tun, was ich eigentlich gar nicht tun will, sondern werde morgens wach und kann es kaum abwarten, dass es endlich losgeht. Und ich fühle mich insgesamt sehr glücklich und zufrieden.

Dieser Ratgeber ist in fünf grundlegende Schritte unterteilt, mit denen Sie – wenn Sie diese Schritte gehen – Ihre Berufung entdecken und in Ihren Traumjob umsetzen werden. Zunächst geht es in Kapitel zwei, drei und vier um die Suche und Entdeckung der Berufung im engeren Sinne. Dabei werden Sie die Fragen „Wer bin ich?" und „Was will ich?" beantworten und anschließend Ihre wahre Berufung zum Traumjob verdichten. Dabei vertrete ich nicht die Auffassung, dass es sich beim Entdecken der Berufung um eine Kunst handelt,[7] sondern in erster Linie um einen Prozess, bei dem erstens solides Handwerk, zweitens Ausdauer und drittens Intuition und Inspiration gefragt sind. Deshalb erwarten Sie eine Reihe an Tools in Form von Fragen, Übungen und Checklisten, mit denen Sie sich Schritt für Schritt an Ihre Berufung im Zuge eines Selbstcoaching heranarbeiten und so eine Grundlage für Ihre Intuition und Inspiration legen. In Kapitel fünf werden Sie sich damit befassen, was Sie in Ihrem Leben bisher alles gelernt haben und was für Kenntnisse und Fähigkeiten Ihnen noch fehlen, um Ihren Traumjob ausüben zu können. Die Umsetzung Ihrer Berufung in Ihren Traumjob ist Gegenstand von Kapitel sechs. Diese Umsetzung ist ein Prozess und dauert nach meiner Erfahrung als Coach durchschnittlich ein bis zwei Jahre. Als Vorgehensweise haben sich dabei vor allem das Prinzip von Versuch und Irrtum sowie die Kunst der Improvisation bewährt. Ein Ausblick auf die Zukunft der Arbeit mit ausgewählten Entwicklungstendenzen schließt diesen Ratgeber ab.

Übrigens ist die Entdeckung Ihrer Berufung keineswegs altersgebunden. Ist es für jüngere Menschen zwischen 15 und 30 Jahren normal, etwas Neues zu beginnen, zeigen zahlreiche Beispiele, dass es auch, wenn man älter ist, nie zu spät dafür ist: Ewald Wessling war zunächst erfolgreicher Verlagsmanager, fand seine Berufung als Experte für den digitalen Wandel, machte sich selbständig und wurde kurz vor seinem 50. Geburtstag Professor an einer Hochschule. Die gelernte Fremdsprachenkorrespondentin Christiane Kamps machte mit 33 Jahren das Abitur nach, begann mit 36 ein Medizinstudium und legte mit 50 Ihre Facharztprüfung als Gynäkologin ab. Antje Yael Deusel, im ersten Beruf Urologin in leitender Position in einem Krankenhaus, überwand viele Widerstände und wurde mit 51 Jahren zur Rabbinerin ordiniert. Die bekannte deutsche Krimiautorin Ingrid Noll begann das Schreiben erst mit 54 Jahren und die 55- jährige Südafrikanerin Malmsey Rangaka gab ihren Job als Dozentin für Psychologie an der Uni auf und erfüllte sich gemeinsam mit ihrem Ehemann Diale, einem Professor für englische Literatur, einen lang gehegten Traum, indem sie ein Weingut kauften. Sie wollten anderen zeigen, dass man immer Neues lernen und einen anderen Weg einschlagen kann, egal, woher man kommt oder wie alt man ist. Hinzufügen möchte ich noch, dass ihr Weingut im Umkreis von 200 Kilometern, wo es insgesamt 560 Weinfarmen gibt, das einzige ist, das zu 100 Prozent schwarzen Südafrikanern gehört. Heide Steppke machte noch mit 71 Jahren ihr Abitur mit einem Notendurchschnitt von 2,2 und studiert seitdem Geschichte und Französisch. Und mit sage und schreibe 98 Jahren wurde Isa Ardey im Jahre 2011 an der Universität Düsseldorf in Germanistik promoviert, nachdem zuvor zwei Promotionsversuche einmal durch den Krieg und ein anderes Mal durch familiäre Umstände gescheitert waren. Sie kommentierte ihre Promotion mit dem Satz: „Einmal Angefangenes sollte man auch zu Ende bringen."

Sie sehen, dass es nie zu spät ist, um in seinem Leben etwas Neues zu beginnen. Leben heißt letztlich Entwicklung und Entwicklung bedeutet Veränderung. Wir entdecken immer mehr den Kern unserer Persönlichkeit, unsere wahre Berufung, und wollen diese in der Welt in unserem Traumjob verwirklichen.

Erster Schritt: Wer bin ich? – Erkenne dich selbst!

Was vor uns und was hinter uns liegt, ist nichts im Vergleich zu dem,
was in uns liegt. Und wenn wir das, was in uns liegt,
nach außen in die Welt tragen, geschehen Wunder.

[Henry David Thoreau]

In diesem ersten Schritt stellen Sie sich die Frage, was für eine Persönlichkeit Sie haben. Es geht darum, sich selbst zu erkennen. Die zugrunde liegende Frage lautet: Wer bin ich? Eine Antwort darauf erarbeiten Sie sich, indem Sie die folgenden Selbstcoaching-Tools in Form von Fragen, Übungen und Checklisten bearbeiten. Sie beginnen mit zehn Fragen, die echtes Veränderungspotenzial für Ihr Leben haben. Dann geht es um eine Selbsteinschätzung Ihrer Persönlichkeit, die Sie idealerweise durch eine Fremdeinschätzung ergänzen lassen. Dabei arbeiten Sie zunächst heraus, welche Eigenschaften Ihre Persönlichkeit besonders kennzeichnen. Im Anschluss daran überlegen Sie, was Sie in Ihrem Leben besonders geprägt hat. Dies können zum einen andere Menschen, zum anderen aber auch Bücher, Filme, Musik oder spezielle Lebenserfahrungen gewesen sein. Dann arbeiten Sie heraus, welche Faktoren Sie intrinsisch, also von innen heraus, motivieren. Es geht um Ihre natürlichen motivierenden Fähigkeiten, Ihre Werte, Ihre zentralen Lebensmotive, Ihre Persönlichkeitsstärken und Ihre Sie motivierenden Umgebungsfaktoren. Darauf aufbauend arbeiten Sie heraus, was für Interessen Sie haben, um auch hierdurch Hinweise auf Ihre Berufung zu erlangen. Dann werden Sie sich mit Ihren Begabungen und Talenten befassen, bevor Sie dieses Kapitel abschließend Überlegungen anstellen, ob es so etwas wie einen roten Faden in Ihrem Leben gibt. Und jetzt beginnen Sie mit zehn Fragen, die möglicherweise Ihr Leben verändern.

1. Zentrale Fragen mit Veränderungspotenzial

Die folgenden Fragen sollen Sie zum Nachdenken anregen und helfen, Ihre verborgenen Wünsche aufzudecken.[8] Ich empfehle Ihnen, sich für die Beantwortung dieser Fragen ausreichend Zeit zu nehmen, mindestens ein- bis eineinhalb Stunden. Bitte beantworten Sie die Fragen schriftlich. Notieren Sie, was Ihnen dazu einfällt. Dann lassen Sie die Fragen erst einmal liegen und weiter auf sich wirken und gehen Sie später noch einmal durch. Bestimmt fällt Ihnen dann noch etwas ein, was Sie bei ihren Aufzeichnungen ergänzen möchten. Gegebenenfalls durchlaufen Sie die letztgenannten Phasen dieses Prozesses mehrmals.

1. Wenn Sie in Ihrem Leben etwas verändern könnten und die Garantie hätten, damit Erfolg zu haben, was würden Sie dann anders machen?

____

____

____

____

____

____

____

____

2. Was würden Sie tun, wenn Sie 20 Millionen Euro ausgeben könnten und bereits alle ihre materiellen Bedürfnisse befriedigt hätten, Ihren Freunden und Ihrer Familie genug abgegeben, darüber hinaus bereits umfangreich an wohltätige Organisationen gespendet hätten und rundum gesund wären?

Reisen ____

____

____

____

____

3. Was würden Sie tun, wenn Sie nur noch 12 Monate Lebenszeit vor sich hätten und bis zum Schluss im Vollbesitz Ihrer physischen und geistigen Kräfte wären? Sie haben bereits die Welt ausgiebig bereist und sich mit allen Freunden, Verwandten und sonst noch für Sie wichtigen Personen ausgesprochen.

Die ersten drei Fragen zielen darauf ab herauszufinden, ob Sie Ihre wahre Berufung bereits gefunden haben oder ob Sie nur einen Beruf ausüben oder einfach einen Job machen. Unter einem Job verstehe ich eine eher zufällige Erwerbstätigkeit, die in erster Linie dem Gelderwerb dient. Ein Beruf ist dagegen ein bestimmtes Betätigungsfeld, für das man ausgebildet wurde und das in der Regel dem Erwerb des Lebensunterhalts dient. Eng damit verbunden sind bestimmte Berufsbilder wie zum Beispiel Manager, Arzt oder Pilot. Sie können im Laufe Ihres Lebens mehrere Berufe erlernen und ausüben, aber Sie haben nur eine Berufung. Wie bereits erwähnt ist dies die Lebensaufgabe, zu der Sie sich berufen fühlen und die Sie mit aller Kraft und Energie verwirklichen möchten. Sie verleiht Ihrem Leben einen höheren Sinn und Sie erfahren dabei Glück und Erfüllung. Geld spielt in diesem Zusammenhang eine untergeordnete Rolle, denn das Leben Ihrer wahren Berufung geschieht in erster Linie, weil Sie den inneren Drang dazu verspüren. So verspürt ein Schriftsteller beispielsweise den starken inneren Drang zu schreiben.

Sogenannte extrinsische Motive wie Status, Macht und Geld nehmen dagegen eine eher untergeordnete Rolle ein. Bezogen auf die ersten drei Fragen ist nun von Interesse, ob Sie Ihren derzeitigen Job bzw. Beruf behalten oder aufgeben würden, um sich neu zu orientieren. Wenn Sie Ihren derzeitigen Beruf weiterhin ausüben würden, auch wenn Sie über 20 Millionen verfügten und obwohl Sie nur noch 12 Monate zu leben hätten und obwohl Sie mit nichts, was Sie neu anfingen, scheitern könnten, dann haben Sie Ihre wahre Berufung bereits gefunden und Sie können dieses Buch getrost zur Seite legen.

Im anderen und wahrscheinlicheren Fall wird dieses Buch Ihnen helfen, Ihre wahre Berufung zu finden. Bitte beantworten Sie jetzt auch die weiteren Fragen. Nehmen Sie sich bitte auch für diese Fragen ausreichend Zeit.

4. Wenn ein guter Freund auf Ihrer Beerdigung eine Grabrede hielte, was möchten Sie, dass er über Sie und Ihr Leben sagt?

____

____

____

____

____

____

____

____

5. Welche Person und warum wären Sie gerne, wenn Sie es sich aussuchen könnten? Egal aus welchem Bereich (Literatur, Geschichte, Politik, Kunst, Kultur oder Sport etc.); egal, ob lebendig oder historisch; egal, welches Geschlecht; egal, ob real oder fiktiv (z. B. James Bond)

____

____

____

____

____

____

6. Was bedeutet für Sie Erfolg? (Geld, Macht, Anerkennung, ein luxuriöses Leben, Ruhm, anderen Menschen zu helfen etc. . . .)

7. Was erwarten Sie konkret von Ihrem Leben? (Nur, wenn Sie wissen, was Sie in Ihrem Leben erreichen wollen und vom Leben erwarten, können Sie auch Erwartungen an Ihr (Berufs-) Leben formulieren)

8. Wen möchten Sie durch Ihre beruflichen Leistungen und persönlichen Eigenschaften beeindrucken und warum? Weshalb wollen Sie bewundert werden und von wem? Wem möchten Sie imponieren?

9. Was möchten Sie in Ihrem Leben privat und beruflich erreichen? Welche Ziele verfolgen Sie? Diese Ziele können sowohl materieller als auch immaterieller Natur sein.

10. Was ist Ihr geheimer Wunsch und Ihr Traumziel: Reich, berühmt, bewundert oder einflussreich und mächtig zu werden? (Hier können Sie alles aufschreiben, was Sie vielleicht nicht in der Öffentlichkeit preisgeben möchten. Wer gibt schon gerne öffentlich zu, mächtig oder reich werden zu wollen . . .?) Vielleicht wollen Sie Ihr Leben ja auch in den Dienst anderer (z. B. der Kinder Afrikas etc.) stellen?

Notieren Sie jetzt bitte noch, was für Sie im Leben weiterhin wichtig ist. Welche Ziele haben Sie und für welche Dinge würden Sie kämpfen? Worin sehen Sie den speziellen Sinn Ihres (Berufs-) Lebens?

____

____

____

____

____

____

____

____

Mit diesen Fragen möchte ich Ihre Fantasie spielerisch mobilisieren. In Ihren Fantasien stecken Botschaften und Hinweise, die es jetzt nur richtig zu interpretieren gilt. Denken Sie in Ruhe darüber nach und tauschen Sie sich mit guten Freunden oder Ihrer Familie aus. Entdecken Sie, was Ihnen tatsächlich wichtig ist und was Sie wirklich wollen. In meinen Workshops diskutieren die Teilnehmer ihre Antworten zum Teil sehr kontrovers miteinander. In den Antworten auf diese Fragen werden unter anderem Ihre Präferenzen, Werthaltungen und Ziele deutlich. Möglicherweise verspüren Sie den starken Wunsch, Ihr Leben verändern zu wollen; Ihre Sichtweise wird erweitert und Sie gewinnen neue Erkenntnisse.

Im Folgenden gehen Sie den zentralen Merkmalen Ihrer Persönlichkeit nach. Über welche guten und weniger guten Eigenschaften verfügen Sie?

2. Ihre Persönlichkeit – Merkmale zur Selbsteinschätzung

Kennen Sie sich selbst und wissen Sie, wie Sie von Ihrer Umwelt wahrgenommen werden? Mit welchen drei bis fünf Eigenschaften können Sie sich, Ihre Wesensart und Ihre wichtigsten Persönlichkeitsmerkmale jemand anderem zutreffend beschreiben? Wie charakterisieren Sie Ihre guten und schlechten persönlichen Eigenschaften? Tauchen Sie ein in die Wesensart, die Ihre Persönlichkeit ausmacht. Je besser Sie wissen, wer und wie Sie sind, desto besser kommen Sie auf der Suche nach Ihrer wahren Berufung voran. Für Ihre Selbsteinschätzung habe ich eine umfangreiche Liste von Persönlichkeitsmerkmalen zusammengestellt.[9]

Für jedes Adjektiv gibt es eine Skala von +3 (stark ausgeprägt) bis -3 (kaum vorhanden). Wie schätzen Sie sich ein? Kreuzen Sie bei jeder Eigenschaft an, wie ausgeprägt diese Ihrer Meinung nach bei Ihnen ist:*

+3	=	sehr ausgeprägt
+2	=	deutlich ausgeprägt
+1	=	Stärker als der Durchschnitt ausgeprägt
0	=	Normal, unauffällig, durchschnittlich
-1	=	weniger ausgeprägt
-2	=	schwach ausgeprägt
-3	=	sehr schwach ausgeprägt

* Bitte kopieren Sie vorher die nachfolgende Liste der Eigenschaften für eine spätere Fremdeinschätzung

Liste Ihrer Eigenschaften							
Aggressiv	+3	+2	+1	0	-1	-2	-3
Aktiv	+3	+2	+1	0	-1	-2	-3
Anpassungsfähig	+3	+2	+1	0	-1	-2	-3
Anspruchsvoll	+3	+2	+1	0	-1	-2	-3
Aufgeschlossen	+3	+2	+1	0	-1	-2	-3
Ausdauernd	+3	+2	+1	0	-1	-2	-3
Ausgeglichen	+3	+2	+1	0	-1	-2	-3
Autoritär	+3	+2	+1	0	-1	-2	-3
Begeisterungsfähig	+3	+2	+1	0	-1	-2	-3
Beherrscht	+3	+2	+1	0	-1	-2	-3
Belastbar	+3	+2	+1	0	-1	-2	-3
Beliebt	+3	+2	+1	0	-1	-2	-3
Besorgt	+3	+2	+1	0	-1	-2	-3
Dominant	+3	+2	+1	0	-1	-2	-3

Liste Ihrer Eigenschaften (Fortsetzung)							
Durchsetzungsfähig	+3	+2	+1	0	-1	-2	-3
Ehrlich	+3	+2	+1	0	-1	-2	-3
Einfühlsam	+3	+2	+1	0	-1	-2	-3
Einsichtig	+3	+2	+1	0	-1	-2	-3
Entscheidungsfreudig	+3	+2	+1	0	-1	-2	-3
Erfinderisch	+3	+2	+1	0	-1	-2	-3
Extrovertiert	+3	+2	+1	0	-1	-2	-3
Flexibel	+3	+2	+1	0	-1	-2	-3
Fordernd	+3	+2	+1	0	-1	-2	-3
Fortschrittlich	+3	+2	+1	0	-1	-2	-3
Freundlich	+3	+2	+1	0	-1	-2	-3
Furchtsam	+3	+2	+1	0	-1	-2	-3
Geduldig	+3	+2	+1	0	-1	-2	-3
Gefühlsorientiert	+3	+2	+1	0	-1	-2	-3
Gehemmt	+3	+2	+1	0	-1	-2	-3
Gelassen	+3	+2	+1	0	-1	-2	-3
Gerecht	+3	+2	+1	0	-1	-2	-3
Glücklich	+3	+2	+1	0	-1	-2	-3
Gründlich	+3	+2	+1	0	-1	-2	-3
Gütig	+3	+2	+1	0	-1	-2	-3
Hartnäckig	+3	+2	+1	0	-1	-2	-3
Herzlich	+3	+2	+1	0	-1	-2	-3
Hilfsbereit	+3	+2	+1	0	-1	-2	-3
Höflich	+3	+2	+1	0	-1	-2	-3
Impulsiv	+3	+2	+1	0	-1	-2	-3
Humorvoll	+3	+2	+1	0	-1	-2	-3
Integrationsfähig	+3	+2	+1	0	-1	-2	-3
Integer	+3	+2	+1	0	-1	-2	-3
Intolerant	+3	+2	+1	0	-1	-2	-3
Intrigant	+3	+2	+1	0	-1	-2	-3
Introvertiert	+3	+2	+1	0	-1	-2	-3
Kameradschaftlich	+3	+2	+1	0	-1	-2	-3
Kommunikativ	+3	+2	+1	0	-1	-2	-3

Liste Ihrer Eigenschaften (Fortsetzung)							
Kompetent	+3	+2	+1	0	-1	-2	-3
Kompromissbereit	+3	+2	+1	0	-1	-2	-3
Konservativ	+3	+2	+1	0	-1	-2	-3
Kontaktfähig	+3	+2	+1	0	-1	-2	-3
Kooperativ	+3	+2	+1	0	-1	-2	-3
Kreativ	+3	+2	+1	0	-1	-2	-3
Leidenschaftlich	+3	+2	+1	0	-1	-2	-3
Leistungsorientiert	+3	+2	+1	0	-1	-2	-3
Lernbereit	+3	+2	+1	0	-1	-2	-3
Lernfähig	+3	+2	+1	0	-1	-2	-3
Lernwillig	+3	+2	+1	0	-1	-2	-3
Liebenswert	+3	+2	+1	0	-1	-2	-3
Locker	+3	+2	+1	0	-1	-2	-3
Misstrauisch	+3	+2	+1	0	-1	-2	-3
Nachdenklich	+3	+2	+1	0	-1	-2	-3
Nervös	+3	+2	+1	0	-1	-2	-3
Neugierig	+3	+2	+1	0	-1	-2	-3
Offen	+3	+2	+1	0	-1	-2	-3
Ordentlich	+3	+2	+1	0	-1	-2	-3
Passiv	+3	+2	+1	0	-1	-2	-3
Pflichtbewusst	+3	+2	+1	0	-1	-2	-3
Planend	+3	+2	+1	0	-1	-2	-3
Praktisch	+3	+2	+1	0	-1	-2	-3
Präzise	+3	+2	+1	0	-1	-2	-3
Problembewusst	+3	+2	+1	0	-1	-2	-3
Rechthaberisch	+3	+2	+1	0	-1	-2	-3
Risikobereit	+3	+2	+1	0	-1	-2	-3
Ruhig	+3	+2	+1	0	-1	-2	-3
Sachlich	+3	+2	+1	0	-1	-2	-3
Schlagfertig	+3	+2	+1	0	-1	-2	-3
Schüchtern	+3	+2	+1	0	-1	-2	-3
Schwermütig	+3	+2	+1	0	-1	-2	-3
Selbstbewusst	+3	+2	+1	0	-1	-2	-3

Liste Ihrer Eigenschaften (Fortsetzung)							
Selbstgefällig	+3	+2	+1	0	-1	-2	-3
Selbstkritisch	+3	+2	+1	0	-1	-2	-3
Selbstsicher	+3	+2	+1	0	-1	-2	-3
Selbstständig	+3	+2	+1	0	-1	-2	-3
Sensibel	+3	+2	+1	0	-1	-2	-3
Spontan	+3	+2	+1	0	-1	-2	-3
Teamfähig	+3	+2	+1	0	-1	-2	-3
Tolerant	+3	+2	+1	0	-1	-2	-3
Überzeugend	+3	+2	+1	0	-1	-2	-3
Unberechenbar	+3	+2	+1	0	-1	-2	-3
Unerschütterlich	+3	+2	+1	0	-1	-2	-3
Unkompliziert	+3	+2	+1	0	-1	-2	-3
Unparteiisch	+3	+2	+1	0	-1	-2	-3
Unordentlich	+3	+2	+1	0	-1	-2	-3
Verantwortungsbewusst	+3	+2	+1	0	-1	-2	-3
Verlässlich	+3	+2	+1	0	-1	-2	-3
Vernünftig	+3	+2	+1	0	-1	-2	-3
Verständnisvoll	+3	+2	+1	0	-1	-2	-3
Vertrauensvoll	+3	+2	+1	0	-1	-2	-3
Vertrauenswürdig	+3	+2	+1	0	-1	-2	-3
Vorlaut	+3	+2	+1	0	-1	-2	-3
Vorsichtig	+3	+2	+1	0	-1	-2	-3
Wählerisch	+3	+2	+1	0	-1	-2	-3
Wagemutig	+3	+2	+1	0	-1	-2	-3
Wankelmütig	+3	+2	+1	0	-1	-2	-3
Willensstark	+3	+2	+1	0	-1	-2	-3
Zielstrebig	+3	+2	+1	0	-1	-2	-3
Zufrieden	+3	+2	+1	0	-1	-2	-3
Zuhörbereit	+3	+2	+1	0	-1	-2	-3
Zurückgezogen	+3	+2	+1	0	-1	-2	-3
Zuverlässig	+3	+2	+1	0	-1	-2	-3
Zwanghaft	+3	+2	+1	0	-1	-2	-3
Zweifelnd	+3	+2	+1	0	-1	-2	-3

Liste Ihrer Eigenschaften (Fortsetzung)							
	+3	+2	+1	0	-1	-2	-3
	+3	+2	+1	0	-1	-2	-3
	+3	+2	+1	0	-1	-2	-3
	+3	+2	+1	0	-1	-2	-3
	+3	+2	+1	0	-1	-2	-3

Sicher ist Ihnen aufgefallen, dass die vorstehende Tabelle sowohl positive als auch negative Eigenschaften enthält. Liebenswert und glücklich möchte jeder sein, unberechenbar und intrigant dagegen wohl nur wenige. Für den Fall, dass Sie in der Liste bestimmte Eigenschaften vermissen, notieren Sie diese bitte in den dafür vorgesehenen freien Zeilen am Ende der Tabelle. Nun betrachten Sie bitte alle Adjektive, die eine herausgehobene Bewertung erhalten haben. Wie viele Eigenschaften weisen eine deutlich herausragende Bewertung auf (+3 oder -3, wenn Sie mit den Bewertungsextremen sehr sparsam waren, auch +2 oder -2)? Sicherlich liegen diese sowohl im Plus- als auch im Minusbereich. Das Beste ist, sie bilden Gruppen von Eigenschaften. Hierzu können Sie Karteikarten verwenden, die Sie zunächst mit jeweils einer Eigenschaft beschriften. Dann versuchen Sie, inhaltliche Zusammenhänge zwischen den einzelnen Eigenschaften herzustellen. Suchen Sie Oberbegriffe, denen Sie die Karteikarten entsprechend zuordnen können. Beispielsweise können Sie, wenn Sie bei den Adjektiven *planend*, *zielstrebig* und *aktiv* jeweils eine Merkmalsausprägung von +3 angekreuzt haben, den Oberbegriff *Macherqualitäten* benennen. Bestätigt werden diese, wenn Sie zusätzlich bei den Merkmalen *passiv*, *zweifelnd* und *wankelmütig* eine -3 markiert haben. Für die Eigenschaften *lernfähig*, *lernwillig* und *neugierig* können Sie den Oberbegriff *Lernbereitschaft* formulieren. Die gefundenen Oberbegriffe (oder ausgewählte Eigenschaften, die Sie besonders treffend beschreiben) tragen Sie bitte in folgende Tabelle ein:

Positive Eigenschaften	Negative Eigenschaften
1.	1.
2.	2.
3.	3.
4.	4.
5.	5.

Zusätzlich können Sie überprüfen, wie Menschen aus Ihrem näheren Umfeld Sie sehen. Wie charakterisieren diese Ihre guten und schlechten Eigenschaften? Sehen diese Sie möglicherweise ganz anders als Sie selbst sich sehen? Um Ihre eigene Wahrnehmung durch eine entsprechende Fremdwahrnehmung zu ergänzen, bitten Sie eine oder mehrere Menschen Ihres Vertrauens, eine Einschätzung Ihrer Person vorzunehmen.

Vielleicht wirken Sie auf andere ja viel ausgeglichener, als Sie sich selbst sehen oder Sie wirken auf Ihnen nahestehende Personen weniger tolerant als Sie sich selbst einschätzen? Selbst- und Fremdbild können also voneinander abweichen und Ihnen wertvolle Denkanstöße geben.

Im Folgenden werden Sie Überlegungen dazu anstellen, was Sie in Ihrem Leben besonders geprägt hat.

3. Was hat Sie geprägt?

Als Junge war ich von einem Fernsehfilm und dem Schauspieler, der in diesem Film die Hauptrolle spielte, absolut fasziniert. Es handelt sich um den Film *Der Seewolf* nach einem bzw. mehreren Büchern von Jack London mit Raimund Harmstorf in der Hauptrolle. Es ist ziemlich genau 40 Jahre her, dass ich diesen spannenden Vierteiler gesehen habe, aber ich habe ihn bis heute nicht vergessen. Was aber hat mich an diesem Film so angesprochen?

Als Kind stellte ich mir diese Frage natürlich nicht. Ich reagierte einfach ganz intuitiv auf diesen Film mit seinem charismatischen Hauptdarsteller. Inzwischen ist mir klar, dass meine Identifikation mit dem Seewolf und Raimund Harmstorf etwas mit mir zu tun hat. In ihm erkannte ich etwas von mir, eine bestimmte Eigenschaft, eine besondere Stärke oder eine meiner heimlichen Sehnsüchte.

Als Erwachsener war es wiederum ein Film, der mich stark faszinierte. Es handelt sich um den Film *Alexis Sorbas* nach dem gleichnamigen Roman von Nikos Kazantzakis mit Antony Quinn in der Hauptrolle. Dabei ging es um die Geschichte eines jungen britischen Schriftstellers, der ein stillgelegtes Bergwerk auf einer griechischen Insel geerbt hat und nun dort sein Glück machen möchte. Dabei lernt er auf der Überfahrt den deutlich älteren Alexis Sorbas kennen, der auf die Frage, was er beruflich mache, antwortet, dass er in seinem Leben bereits allen Berufen, die man mit Kopf, Händen und Füßen ausüben kann, nachgegangen sei. Er schließt sich dem jungen Schriftsteller an und lehrt ihn letztlich, worauf es im Leben ankommt. Einer der unvergesslichen Aussprüche von Alexis Sorbas lautet: „Was bedeutet Leben? Leben heißt, den Gürtel enger schnallen und nach Problemen suchen." Das Besondere dieses Films besteht in dem reizvollen Aufeinandertreffen von Bildung ohne nennenswerte Lebenserfahrung, verkörpert durch den Kopfmenschen in Form des jungen Engländers, und großer Lebenserfahrung gepaart mit Weisheit, verkörpert durch den Bauchmenschen und Lebemann Alexis Sorbas.

Aber nicht nur durch Filme lernen wir viel über uns, sondern auch durch Menschen, denen wir leibhaftig in unserem Leben begegnet sind und die uns geprägt haben. Dazu gehören auch berühmte Reden, die Menschen gehalten haben, wie zum Beispiel die berühmte „Blut-, Schweiß- und Tränen-Rede" von Winston Churchill (1940 vor dem britischen Unterhaus gehalten), die Antrittsrede von John F. Kennedy als Präsident 1961, in der er den berühmten Satz prägte: „Frage nicht was dein Land für dich tun kann. Frage, was du für dein Land tun kannst" oder der legendären Rede „I Have a dream" von Martin Luther King, die er 1963 vor mehr als 250.000 Menschen in Washington D.C. hielt. Hervorzuheben ist in diesem Zusammenhang auch die berühmte Rede von Barack Obama, die er am 08. Januar 2008 in Nashua, New Hampshire, gehalten hat und in der er den berühmten Satz „Yes, we can" prägte.

Die Rede, die aber am besten zum Thema dieses Buches passt, ist die legendäre Rede von Steve Jobs, die er am 12. Juni 2005 vor Absolventen der berühmten Stanford Universität in Amerika gehalten hat:

„ . . . Man muss herausfinden, was einem wichtig ist. Das gilt für die Arbeit wie für Liebesbeziehungen. Die Arbeit wird einen Großteil Ihres Lebens einnehmen, aber wirklich erfüllt ist man nur, wenn man weiß, dass es etwas wirklich Großes ist. Und das geht nur, wenn man seine Arbeit liebt . . . Wie bei allen Herzensangelegenheiten weiß man, dass es das Richtige ist, wenn man es gefunden hat . . . Suchen Sie also so lange, bis Sie das Richtige gefunden haben. Arrangieren Sie sich nicht! . . . Ihre Zeit ist begrenzt, also vergeuden Sie sie nicht, indem Sie ein fremdbestimmtes Leben führen. Hüten Sie sich vor Dogmen, denn das heißt nichts anderes, als sein Leben an den Ansichten anderer Leute auszurichten. Sehen Sie zu, dass der Lärm fremder Meinungen nicht Ihre innere Stimme übertönt. Und vor allem: Haben Sie den Mut, Ihrem Herzen und Ihrer Intuition zu folgen. Die beiden wissen schon, was Sie wirklich werden wollen. Alles andere ist sekundär . . ."

Aber auch die Lektüre von Büchern kann uns prägen. Zeit zum Lesen ermöglicht es uns immer wieder, in (für uns) neue Welten einzutauchen. Auch Musik kann tiefe Emotionen in uns hervorrufen und uns zu Tränen rühren. Uns prägen aber auch unsere Träume und Nöte. Ich selber habe durch mehrere Schicksalsschläge, die ich zum Teil früh in meinem Leben hinnehmen musste, gelernt, dass das Leben trotz allem immer wieder neue Chancen bietet. Im Laufe unseres Lebens gibt es viele Menschen und Dinge, die ihren Reiz auf uns ausüben. Aber nur eine kleine Anzahl hat uns so stark bewegt, dass wir uns heute noch an Sie erinnern. Dies sind die wertvollen Impulse, die uns maßgeblich geprägt haben. Durch sie erfahren wir mehr über uns selbst und lernen damit auch mehr über unsere wahre Berufung.

In der nachfolgenden Tabelle können Sie diese prägenden Impulse in Form von Menschen, Büchern, Filmen, Musik, Beschäftigungen, Vorlieben und weiteren Dingen auflisten.[10] Benennen Sie in der linken Spalte jeweils den Impuls mit einem Stichwort und suchen Sie dann in der mittleren Spalte Worte, die beschreiben, was daran wertvoll und prägend für Sie war. In der rechten Spalte können Sie sich Notizen dazu machen, *warum* Sie diesen oder jenen Impuls als prägend empfunden haben.

Was hat Sie geprägt?

	Impuls / Auslöser	Was war prägend?	Warum war es prägend?
Begegnungen mit Menschen			
Filme/Bücher/ Reden/Musik			
Berufliche Impulse			
Projekte, beruflich und privat			
Schicksalsschläge/ Krankheiten/Krisen			
Träume			
Sonstige prägende Erlebnisse			

Im Folgenden werden Sie sich mit Ihren Motivationsfaktoren befassen. Dazu gehören Ihre Fähigkeiten, Ihre Werte und Lebensmotive, Ihr Persönlichkeitsprofil und Sie motivierende Umgebungsfaktoren.

4. Entdecken Sie Ihre Motivationsfaktoren

Ziel der folgenden Ausführungen ist es, Ihnen noch mehr Klarheit über Ihre Ausgangssituation zu verschaffen. Was ist die Grundlage Ihrer Persönlichkeit und welche Ressourcen stehen Ihnen für Ihre weitere Entwicklung zur Verfügung? Worauf können Sie bereits jetzt zurückgreifen? Es geht um Ihr System von Motivationsfaktoren, bestehend aus Ihren Fähigkeiten, Werten, Motiven, Ihren Persönlichkeitsstärken und den Sie motivierenden Umgebungsfaktoren.[11]

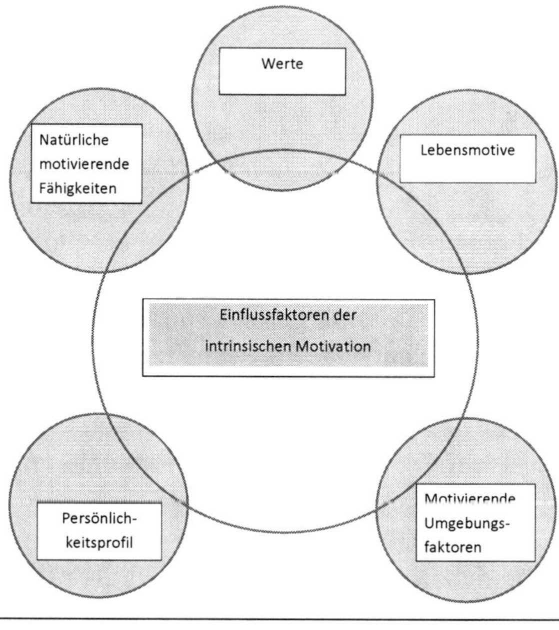

All diese Faktoren sorgen dafür, dass Sie intrinsisch, also aus sich selbst heraus, motiviert sind. Teilweise stehen uns diese Ressourcen bereits seit unserer Kindheit zumindest rudimentär zur Verfügung und haben sich immer weiter ausgebaut, etabliert und manifestiert. Wenn wir entsprechend unseren Motivationsfaktoren leben und uns nach diesen richten, sind wir glücklich und zufrieden. Die entsprechenden Gedanken und Handlungen fallen uns leichter, weil dies für uns mit angenehmen Gefühlen verbunden ist. Im Folgenden werden Sie sich mit Ihrem System von Motivationsfaktoren näher befassen.

4.1. Ihre Fähigkeiten

Der Forscher Arthur Miller hat an über 3000 Menschen nachgewiesen, dass jeder Mensch einzigartig begabt ist. Er stellte fest, dass jeder Mensch ca. zehn Grundfähigkeiten besitzt, die angeboren sind. Er nannte diese Grundfähigkeiten die natürlichen motivierenden Fähigkeiten.[12] Sie motivieren uns und versorgen uns mit Energie, wann immer wir sie einsetzen. Wenn ich beispielsweise an diesem Buch arbeite, kann ich dies vom frühen Morgen an bis mittags – meinem natürlichen Biorhythmus folgend – stundenlang tun, ohne nennenswert zu ermüden und bin die ganze Zeit hochmotiviert und hochkonzentriert bei der Sache. Ich befinde mich dann sozusagen im Flow, jenem Glücksgefühl, bei dem man Raum und Zeit vergisst und in dem, was man gerade tut, völlig aufgeht.[13] Neben diesen angeborenen, natürlichen motivierenden Fähigkeiten entwickeln wir im Laufe unseres Lebens auch verschiedene angelernte Fähigkeiten. Zwar beherrschen wir diese vielleicht auch exzellent, aber sie liefern uns keine intrinsische Motivation und damit keine Energie. Bei der Suche nach unserer wahren Berufung sollten wir uns deshalb auf unsere natürlichen motivierenden Fähigkeiten konzentrieren, da wir es bei diesen angeborenen Fähigkeiten eher zur Meisterschaft bringen können. Auf unserem Weg dorthin liefern sie uns zudem innere Motivation und Energie, die wir benötigen, um genügend Praxisstunden in unserem Fach zu absolvieren. Denn frühestens nach ca. 10.000 Stunden können wir für uns den Expertenstatus bzw. die Meisterschaft auf einem Fachgebiet beanspruchen.

Ausgeprägte Fähigkeiten bezeichnen wir als Stärken. Fähigkeiten, die wir noch nicht entwickelt haben, nennen wir Potenziale. Fähigkeiten werden immer dort entwickelt, wo es für uns nützlich und sinnvoll ist: Entweder um eine bestimmte Situation zu verbessern, unsere Bedürfnisse zu befriedigen oder um unsere Ziele zu erreichen. Woher wissen wir nun, ob wir etwas gut können und welche Potenziale wir noch weiter ausbauen könnten?

- Durch direkte Rückmeldungen aus unserem Umfeld
- Indirekt durch die Art und Weise, wie andere auf uns reagieren
- Durch Vergleiche mit anderen
- Durch Selbstbeobachtung und Selbstreflexion

Stärken sind in der Regel Fähigkeiten, die einem leicht von der Hand gehen. Man kann sich auf diese verlassen und sich sicher sein, damit Erfolg zu haben.

Damit Sie leichter feststellen können, welche der natürlichen motivierenden Fähigkeiten nach Miller auf Sie zutreffen, finden Sie im Folgenden eine Tätigkeitsliste mit zahlreichen Verben. In dieser sollen Sie bitte diejenigen Tätigkeiten markieren, die Sie erstens besonders gerne machen und gut können, also die, bei denen Ihre Stärken liegen. Zweitens markieren Sie bitte auch die Tätigkeiten, mit denen Sie noch keine Erfahrungen haben, von denen Sie sich aber angesprochen fühlen und die Sie gerne ausprobieren würden, also Ihre Potenziale.[14]

Tätigkeitsliste: Was machen Sie gern und können Sie gut?

analysieren	bewerten	formulieren	maximieren	unternehmen
anbieten	beziehen	fotografieren	meistern	unterrichten
andere interessieren	darstellen	fühlen	motivieren	unterstützen
anleiten	definieren	führen	musizieren	verantworten
anpassen	dekorieren	geben	nachforschen	verarbeiten
anpreisen	denken	gebrauchen	nähen	verbalisieren
anregen	diagnostizieren	gestalten	nehmen	verbessern
anwerben	dienen	gewinnen	organisieren	verbinden

Tätigkeitsliste: Was machen Sie gern und können Sie gut? (Fortsetzung)				
arrangieren	drucken	großziehen	planen	vereinen
aufbauen	durchsetzen	gründen	program-mieren	vereinfachen
auflösen	Einfluss nehmen	halten	publizieren	verfolgen
aufmerksam machen	einfühlen	heben	rechnen	vergrößern
aufstellen	einführen	helfen	reden	verhandeln
aufwerten	einordnen	herausfinden	rehabilitieren	verkaufen
ausbauen	einschätzen	herausgeben	reisen	verkleiden
ausdrücken	einsetzen	herausziehen	reparieren	vermitteln
ausgraben	einspringen	herstellen	restaurieren	versammeln
ausmessen	empfangen	hervorheben	richten	versöhnen
ausprobieren	empfehlen	identifizieren	riskieren	versorgen
ausstellen	entdecken	illustrieren	sammeln	verstärken
auswählen	entscheiden	improvisieren	schreiben	verstehen
auswerten	entwickeln	informieren	singen	vertreiben
backen	erfinden	initiieren	sortieren	vertreten
basteln	erforschen	inspizieren	spielen	vervoll-ständigen
bauen	erhalten	integrieren	sprechen	verwalten
beantworten	erinnern	interviewen	steuern	visualisieren
beaufsich-tigen	erklären	jemandem etwas beibringen	systemati-sieren	voraussagen
bedienen	ermutigen	kochen	tanzen	vorbereiten
beeinflussen	erneuern	kommuni-zieren	teilen	vorführen
befragen	erreichen	komponieren	testen	vorstellen
begreifen	erschaffen	kontrollieren	trainieren	vortragen
behandeln	erstellen	koordinieren	treffen	vorweg-nehmen

Tätigkeitsliste: Was machen Sie gern und können Sie gut? (Fortsetzung)				
bekommen	erwerben	kritisieren	trennen	weiterentwickeln
beliefern	erzählen	leeren	überblicken	wiederfinden
benutzen	erziehen	lehren	übergeben	wiegen
beobachten	etwas bewirken	leiten	überlassen	wirtschaften
beraten	etwas durchsetzen	lernen	überprüfen	zeichnen
berichten	etwas voran bringen	lesen	übersetzen	zeigen
beschützen	fahren	liefern	überwachen	züchten
bestellen	festigen	lösen	überzeugen	zuhören
bestimmen	feststellen	malen	umschreiben	zum Laufen bringen
betreuen	finanzieren	managen	umsetzen	zusammenbauen
beweisen	formen	manipulieren	unterhalten	zusammenfassen

In einem ersten Auswertungsschritt wählen Sie bitte aus den markierten Tätigkeiten maximal zehn aus. Es dürfen weniger sein, aber bitte nicht mehr. Dabei können sich die Tätigkeiten sowohl auf Ihr Berufs- als auch auf Ihr Privatleben beziehen. Falls Sie eine Tätigkeit in der Liste vermissen, ergänzen Sie diese bitte. Nun erstellen Sie eine Liste der ausgewählten Tätigkeiten und entscheiden für jede einzelne von ihnen, welche der folgenden Aussagen zutreffen:

1. Es würde mir Freude bereiten, diese Tätigkeit auszuüben.
2. Diese Tätigkeit stellt eine meiner Stärken dar.
3. Ich verfüge bereits über berufliche oder private Erfahrungen mit dieser Tätigkeit und habe dabei bereits Erfolge erzielt.
4. Diese Tätigkeit möchte ich auf jeden Fall weiter ausbauen.

Bitte notieren Sie im Anschluss jeweils sieben mögliche oder bereits realisierte Einsatzmöglichkeiten für diese Tätigkeit. Wenn Sie beispielsweise gerne kochen, könnten diese Einsatzmöglichkeiten folgendermaßen aussehen:

1. Für mich selber kochen.
2. Für meinen Partner / meine Familie kochen.
3. Freunde einladen und für Sie ein Drei-Gänge-Menü kochen.
4. Ein Praktikum in einem Restaurant machen.
5. Eine Ausbildung zum Koch / zur Köchin absolvieren.
6. Eine Imbisstube eröffnen.
7. Ein Restaurant eröffnen.

Für einen weiteren, zweiten Auswertungsschritt habe ich die einzelnen Tätigkeiten dieser Liste den natürlichen motivierenden Fähigkeiten nach Miller zugeordnet, so dass Sie diese anschließend im dritten Schritt recht treffsicher für sich identifizieren können. In diesem zweiten Schritt werden zunächst die Verben der Tätigkeitsliste den natürlichen motivierenden Fähigkeiten im **Umgang mit Menschen** zugeordnet, danach dem **Umgang mit Informationen und Konzepten**, anschließend den **kreativen Fähigkeiten** und abschließend dem **Umgang mit Materialien, Werkzeugen und Maschinen**:

Umgang mit Menschen

- Anweisungen befolgen:
  ausmessen, auswerten, bedienen, beliefern, berichten, dekorieren, dienen, drucken, fahren, heben, helfen, kochen, liefern, nähen, nehmen, reparieren, restaurieren, steuern, trennen, verarbeiten, vergrößern, verkleinern, wiegen
- Behandeln:
  anderen helfen, auflösen, ausmessen, bedienen, befragen, behandeln, beobachten, beraten, betreuen, diagnostizieren, Einfluss nehmen, einfühlen, einführen, einsetzen, entdecken, entscheiden, erforschen, erklären, ermutigen, erreichen, etwas bewirken, etwas herausfinden, formulieren, fühlen, helfen, herausfinden, herausziehen, improvisieren, informieren, kommunizieren, kontrollieren, motivieren, nachforschen, nähen, schreiben, unterstützen, versorgen, wiegen, zuhören
- Beraten:
  analysieren, andere ermutigen, andere interessieren, anderen helfen, anregen, auflösen, aufmerksam machen, beeinflussen, beobachten, beraten, berichten, beweisen, definieren, einordnen, einschätzen, empfehlen, entwickeln, erklären, erreichen, erzählen, etwas bewirken, etwas voranbringen, feststellen, formulieren, gestalten, helfen, integrieren, kommunizieren, kontrollieren, koordinieren, lernen, lesen, lösen, managen, maximalen Einfluss nehmen, organisieren, planen, reden, rehabilitieren, sammeln, schreiben, sortieren, sprechen, überblicken, überprüfen, unterstützen, verantworten, verbalisieren, verbessern, verstehen, visualisieren, vorstellen, vortragen, weiterentwickeln, zuhören, zum Laufen bringen, zusammenfassen
- Dienen:
  anbieten, aufbauen, aufstellen, ausmessen, bedienen, behandeln, betreuen, dienen, erstellen, fahren, kochen, leeren, nähen, nehmen, organisieren, reparieren, unterhalten, unterstützen, versorgen, verwalten, vorbereiten, wiegen, wirtschaften, zusammenbauen

Umgang mit Menschen (Fortsetzung)

- **Führen:**
andere ermutigen, andere interessieren, anderen etwas beibringen, anleiten, anregen, aufbauen, beantworten, beaufsichtigen, beeinflussen, beraten, bestimmen, durchsetzen, entscheiden, erklären, erreichen, etwas bewirken, etwas durchsetzen, etwas voranbringen, führen, gestalten, informieren, integrieren, kommunizieren, koordinieren, kritisieren, leiten, lösen, managen, manipulieren, maximalen Einfluss nehmen, motivieren, organisieren, planen, rechnen, reden, riskieren, sprechen, trainieren, überzeugen, unterstützen, verkaufen, verstehen, vortragen, wirtschaften, zuhören, zum Laufen bringen
- **Gründen, aufbauen:**
analysieren, andere ermutigen, andere interessieren, anleiten, anpreisen, arrangieren, aufbauen, beaufsichtigen, bestimmen, bewerten, durchsetzen, entscheiden, entwickeln, erklären, etwas bewirken, etwas durchsetzen, etwas voranbringen, führen, gestalten, gründen, herstellen, initiieren, integrieren, kommunizieren, kontrollieren, koordinieren, kritisieren, leiten, lernen, managen, maximalen Einfluss nehmen, motivieren, organisieren, planen, reden, riskieren, steuern, überzeugen, unternehmen, verhandeln, verkaufen, vertreiben, verwalten, vortragen, weiterentwickeln, wirtschaften, zum Laufen bringen, zusammenfassen
- **Kommunizieren:**
anpreisen, ausdrücken, beantworten, beeinflussen, befragen, beraten, berichten, erzählen, formulieren, informieren, interviewen, kommunizieren, kritisieren, motivieren, reden, sprechen, überzeugen, umschreiben, unterhalten, verbalisieren, verhandeln, verstehen, zuhören
- **Mitfühlen:**
andere ermutigen, anderen helfen, ausdrücken, befragen, beschützen, betreuen, einfühlen, erklären, ermutigen, formulieren, fühlen, kommunizieren, reden, sprechen, unterhalten, unterstützen, verbalisieren, versöhnen, verstehen, zuhören

Umgang mit Menschen (Fortsetzung)

- **Überzeugen:**
  aufmerksam machen, ausdrücken, beeinflussen, beweisen, darstellen, durchsetzen, formulieren, gewinnen, maximalen Einfluss nehmen, motivieren, sprechen, steuern, überzeugen, unterhalten, verbalisieren, vermitteln, verstehen, visualisieren, vortragen, zuhören, zusammenfassen
- **Unterrichten, lehren:**
  andere ermutigen, andere interessieren, anderen etwas beibringen, aufmerksam machen, ausdrücken, beaufsichtigen, beweisen, darstellen, erklären, erzählen, erziehen, etwas bewirken, formulieren, führen, helfen, improvisieren, informieren, kommunizieren, lehren, leiten, lernen, lesen, motivieren, reden, schreiben, sprechen, systematisieren, trainieren, unterrichten, unterstützen, vortragen, zeigen, zuhören, zusammenfassen
- **Verhandeln, entscheiden:**
  analysieren, andere interessieren, anpreisen, ausdrücken, beantworten, beeinflussen, bekommen, bestellen, bewerten, durchsetzen, einschätzen, entscheiden, erreichen, erwerben, etwas bewirken, etwas durchsetzen, geben, gewinnen, improvisieren, kommunizieren, liefern, rechnen, reden, riskieren, sprechen, überlassen, überzeugen, verantworten, verbalisieren, vereinen, verkaufen, vermitteln, visualisieren, vortragen, wirtschaften, zuhören, zusammenfassen

Nachdem hier die Verben der Tätigkeitsliste den natürlichen motivierenden Tätigkeiten im **Umgang mit Menschen** zugeordnet wurden, ordnen Sie im Folgenden bitte Ihre ausgewählten Tätigkeiten den natürlichen motivierenden Tätigkeiten im Umgang mit **Informationen und Konzepten** zu:

Umgang mit Informationen und Konzepten

- **Bewerten:**
  analysieren, auswerten, beweisen, bewerten, einordnen, einschätzen, entscheiden, etwas herausfinden, feststellen, rechnen, sortieren, systematisieren, verantworten, verbalisieren, vertreten
- **Dinge ins Rollen bringen:**
  aufbauen, beeinflussen, durchsetzen, entscheiden, etwas bewirken, etwas voranbringen, führen, gestalten, gründen, koordinieren, leiten, managen, maximalen Einfluss nehmen, motivieren, organisieren, planen, steuern, umsetzen, unternehmen, unterstützen, verbessern, zum Laufen bringen, zusammenbauen
- **Forschen:**
  analysieren, ausgraben, ausmessen, ausprobieren, auswerten, befragen, begreifen, beobachten, bestimmen, definieren, diagnostizieren, einordnen, einschätzen, entdecken, erfinden, erforschen, erklären, erreichen, etwas herausfinden, feststellen, fühlen, herausfinden, identifizieren, inspizieren, lösen, nachforschen, sortieren, systematisieren, verstehen, visualisieren, zeigen
- **Kalkulieren:**
  analysieren, bestimmen, bewerten, definieren, einordnen, einschätzen, festigen, feststellen, formulieren, gestalten, herausfinden, identifizieren, kontrollieren, rechnen, sammeln, verantworten, vertreten, wiegen, wirtschaften
- **Konzepte entwickeln:**
  analysieren, anpassen, arrangieren, aufstellen, beantworten, empfehlen, entwickeln, erklären, erreichen, erschaffen, etwas bewirken, etwas herausfinden, formen, formulieren, gestalten, integrieren, koordinieren, lesen, lösen, maximalen Einfluss nehmen, schreiben, sortieren, steuern, systematisieren, überblicken, verantworten, verarbeiten, verbessern, vervollständigen, vorbereiten, weiterentwickeln
- **Logisch denken:**
  analysieren, begreifen, beobachten, bestimmen, beweisen, bewerten, definieren, feststellen, formulieren, herausfinden, lösen, meistern, programmieren, verbinden, verfolgen, weiterentwickeln

Umgang mit Informationen und Konzepten (Fortsetzung)
O **Organisieren:** analysieren, anleiten, arrangieren, aufstellen, entwickeln, erneuern, erschaffen, etwas bewirken, etwas voranbringen, integrieren, koordinieren, lösen, managen, organisieren, planen, programmieren, steuern, verbessern, vorwegnehmen, zum Laufen bringen
O **Planen, entwickeln:** analysieren, anleiten, anregen, beeinflussen, einschätzen, entscheiden, entwickeln, erfinden, erinnern, etwas bewirken, gestalten, initiieren, koordinieren, managen, organisieren, schreiben, überwachen, umsetzen, unternehmen, verantworten, verbessern, verfolgen, voraussagen, vorwegnehmen, weiterentwickeln
O **Strukturieren:** analysieren, auflösen, beeinflussen, darstellen, erstellen, feststellen, organisieren, sortieren, systematisieren, überblicken
O **Verbessern, anpassen:** anpassen, beeinflussen, einführen, erfinden, erforschen, erklären, etwas bewirken, etwas durchsetzen, etwas voranbringen, formen, gestalten, herausfinden, integrieren, managen, organisieren, überblicken, verbessern, weiterentwickeln, zum Laufen bringen
O **Verwalten:** beantworten, berichten, dienen, feststellen, rechnen, treffen, unterstützen, versorgen, verwalten

Als nächstes erfolgt die Zuordnung von Verben der Tätigkeitsliste zu den natürlichen motivierenden **kreativen Fähigkeiten**:

Kreative Fähigkeiten
O **Bildhauerisch tätig sein:** aufstellen, ausdrücken, ausstellen, darstellen, dekorieren, erschaffen, erstellen, etwas bewirken, etwas voranbringen, formen, fühlen, gestalten, herstellen, restaurieren, verbessern, verkaufen, verkleinern, vervollständigen, weiterentwickeln, zeichnen, zeigen

- Fotografieren:
  ausdrücken, ausstellen, auswählen, beobachten, darstellen, entwickeln, erschaffen, erstellen, etwas bewirken, fotografieren, gestalten, herstellen, illustrieren, sammeln, sortieren, überblicken, verarbeiten, vergrößern, verkaufen, verkleinern, vermitteln, vertreiben, visualisieren, vorführen
- Gestalten:
  anpassen, arrangieren, aufstellen, ausdrücken, auswählen, basteln, bauen, darstellen, dekorieren, drucken, entwickeln, erreichen, erschaffen, erstellen, etwas voranbringen, formen, gestalten, herstellen, illustrieren, improvisieren, integrieren, komponieren, malen, nähen, vervollständigen, visualisieren, weiterentwickeln, zeichnen, zeigen
- Kreativ denken:
  arrangieren, auflösen, ausdrücken, ausprobieren, begreifen, entdecken, entwickeln, erfinden, erforschen, erreichen, erschaffen, erstellen, etwas herausfinden, gewinnen, herausfinden, publizieren, schreiben, verbessern, vereinen, verfolgen, verstehen, vorstellen, vortragen, weiterentwickeln, zum Laufen bringen
- Musizieren:
  andere interessieren, aufmerksam machen, ausdrücken, ausprobieren, erschaffen, etwas voranbringen, formen, fühlen, improvisieren, komponieren, koordinieren, kritisieren, musizieren, singen, spielen, tanzen, unterhalten, verstärken, verstehen, vorführen, vortragen, zuhören
- Schreiben:
  andere interessieren, anregen, aufmerksam machen, ausdrücken, beantworten, beeinflussen, entwickeln, erfinden, erinnern, erklären, erreichen, erschaffen, erstellen, erzählen, etwas bewirken, etwas voranbringen, fühlen, hervorheben, illustrieren, informieren, lehren, lesen, manipulieren, motivieren, nachforschen, publizieren, schreiben, systematisieren, übersetzen, umschreiben, unterhalten, unterstützen, verarbeiten, verbalisieren, verbessern, verfolgen, vermitteln, visualisieren, weiterentwickeln, zeigen, zusammenfassen

Kreative Fähigkeiten (Fortsetzung)

- **Sport treiben:**
  anleiten, ausdrücken, darstellen, erreichen, fahren, fühlen, führen, geben, koordinieren, lehren, leiten, lernen, meistern, motivieren, tanzen, trainieren, unterhalten, unterstützen, verbessern, verfolgen, vorführen, weiterentwickeln
- **Tanzen:**
  andere interessieren, anleiten, anregen, aufmerksam machen, ausdrücken, ausprobieren, darstellen, erreichen, erzählen, fühlen, improvisieren, koordinieren, lehren, leiten, lernen, meistern, spielen, tanzen, trainieren, unterhalten, visualisieren, vorführen
- **Theater spielen:**
  aufmerksam machen, ausdrücken, beeinflussen, darstellen, einspringen, erreichen, erzählen, etwas bewirken, fühlen, geben, improvisieren, lernen, lesen, manipulieren, meistern, reden, singen, spielen, sprechen, tanzen, trainieren, unterhalten, verbalisieren, vorführen, vortragen
- **Vorführen, amüsieren:**
  andere interessieren, aufmerksam machen, ausdrücken, beeinflussen, darstellen, einspringen, fühlen, hervorheben, improvisieren, kommunizieren, koordinieren, manipulieren, musizieren, reden, singen, spielen, tanzen, trainieren, umsetzen, verbalisieren, visualisieren, vorführen, vortragen, zeigen
- **Zeichnen und malen:**
  andere interessieren, anleiten, ausdrücken, ausmessen, ausprobieren, ausstellen, beobachten, darstellen, erreichen, erschaffen, erstellen, erzählen, etwas bewirken, fühlen, gestalten, illustrieren, malen, visualisieren, zeichnen

Bevor Sie im dritten Schritt schließlich Ihre natürlichen motivierenden Fähigkeiten auswählen, können Sie im Folgenden eine Zuordnung der von ihnen ausgewählten Tätigkeiten zu den natürlichen motivierenden Fähigkeiten im Umgang mit **Materialien, Werkzeugen und Maschinen** vornehmen:

Umgang mit Materialien, Werkzeugen und Maschinen

- ○ Anstreichen, lackieren, tapezieren:
  dekorieren, erschaffen, etwas voranbringen, gestalten, malen, meistern, restaurieren, verarbeiten, verbessern, zeichnen
- ○ Bauen:
  aufbauen, aufstellen, ausbauen, ausgraben, ausmessen, ausprobieren, basteln, bauen, erschaffen, erstellen, etwas voranbringen, gestalten, umsetzen, zusammenbauen
- ○ Bearbeiten:
  ausmessen, ausprobieren, erneuern, erschaffen, erstellen, etwas bewirken, etwas voranbringen, formen, gestalten, herstellen, illustrieren, malen, meistern, nähen, reparieren, restaurieren, richten, trennen, überwachen, verbessern, vergrößern, verkleinern, vervollständigen, vorbereiten, wiegen
- ○ Dekorieren:
  andere interessieren, arrangieren, aufmerksam machen, aufstellen, aufwerten, ausmessen, ausprobieren, ausstellen, bauen, dekorieren, improvisieren, komponieren, malen, meistern, nähen, nehmen, richten, verarbeiten, vervollständigen, visualisieren, weiterentwickeln, zeichnen, zeigen, zusammenbauen
- ○ Kochen und backen:
  ausprobieren, auswählen, bedienen, benutzen, beobachten, erschaffen, erstellen, etwas bewirken, fühlen, gebrauchen, gestalten, herausfinden, herstellen, kochen, komponieren, koordinieren, meistern, nehmen, teilen, testen, trennen, überwachen, verbessern, versorgen, vertreiben, vorbereiten, wiegen
- ○ Maschinen bedienen:
  beaufsichtigen, bedienen, benutzen, beobachten, führen, gebrauchen, kontrollieren, nehmen, programmieren, reparieren, steuern, überwachen, verantworten, zum Laufen bringen, zusammenbauen
- ○ Mit Erde und Natur arbeiten:
  ausgraben, beaufsichtigen, beobachten, beschützen, einsetzen, etwas voranbringen, fühlen, großziehen, herausziehen, richten, teilen, trennen, überwachen, umsetzen, verantworten, verarbeiten, versorgen

Umgang mit Materialien, Werkzeugen und Maschinen (Fortsetzung)

- O **Mit Computern arbeiten:** analysieren, anpassen, ausprobieren, auswählen, bedienen, benutzen, diagnostizieren (Fehler), drucken, entdecken, etwas herausfinden, gebrauchen, gestalten, kontrollieren, nachforschen, organisieren, programmieren, publizieren, rechnen, reparieren, steuern, verarbeiten, verbessern, vergrößern, verkleinern, verstärken, vervollständigen, verwalten, visualisieren, vorbereiten, vorführen, weiterentwickeln, wiederfinden, zeichnen, zeigen, zum Laufen bringen, zusammenbauen
- O **Präzisionsarbeit ausführen:** analysieren, anleiten, anpassen, ausmessen, bauen, bedienen, behandeln, erschaffen, erstellen, etwas voranbringen, fahren, formen, gestalten, herstellen, illustrieren, malen, meistern, nähen, organisieren, planen, programmieren, rechnen, reparieren, restaurieren, richten, sortieren, systematisieren, testen, überwachen, verarbeiten, vorbereiten, weiterentwickeln, wiegen, zum Laufen bringen, zusammenbauen
- O **Reparieren:** analysieren, anderen helfen, anpassen, auflösen, beobachten, einschätzen, erforschen, erreichen, etwas bewirken, feststellen, gebrauchen, helfen, herausfinden, identifizieren, improvisieren, meistern, nachforschen, reparieren, richten, überprüfen, verarbeiten, verbessern, zum Laufen bringen, zusammenbauen
- O **Umgang mit Elektronik:** analysieren, anderen helfen, anpassen, aufbauen, ausmessen, ausprobieren, bauen, beaufsichtigen, bedienen, beobachten, betreuen, entdecken, erforschen, erreichen, erschaffen, etwas voranbringen, gebrauchen, gestalten, herausfinden, herstellen, reparieren, testen, trennen, überblicken, überwachen, verantworten, verbessern, verbinden, verstärken, vorführen, weiterentwickeln, zeigen, zum Laufen bringen, zusammenbauen

Bitte wählen Sie nun Ihre natürlichen motivierenden Fähigkeiten nach Miller aus. Diese leisten einen wesentlichen Beitrag zu Ihrer intrinsischen Motivation. Welche der folgenden Tätigkeiten fühlt sich gut für Sie an und ist mit einem entsprechend guten Bauchgefühl verbunden? Bitte kreuzen Sie in der linken der beiden Ankreuzspalten je Fähigkeitsbereich so viele

Fähigkeiten an, wie Sie spontan ansprechen. Dann fragen Sie sich, welche dieser Fähigkeiten sich schon zu Stärken entwickelt haben. Diese kreuzen Sie in der rechten Ankreuzspalte je Fähigkeitsbereich an. Wählen Sie bis zu zehn Fähigkeiten aus, die jeweils zwei Kreuze haben. Diese geben Ihnen die meiste Energie, wenn Sie sie einsetzen.

Natürliche motivierende Fähigkeiten nach Miller

Umgang mit Menschen	Umgang mit Informationen und Konzepten
O O Anweisungen befolgen	O O Bewerten
O O Behandeln	O O Dinge ins Rollen bringen
O O Beraten	O O Forschen
O O Dienen	O O Kalkulieren
O O Führen	O O Konzepte entwickeln
O O Gründen, aufbauen	O O Logisch denken
O O Kommunizieren	O O Organisieren
O O Mitfühlen	O O Planen, entwickeln
O O Überzeugen	O O Strukturieren
O O Unterrichten, lehren	O O Verbessern, anpassen
O O Verhandeln, entscheiden	O O Verwalten

Kreative Fähigkeiten	Umgang mit Materialien, Werkzeugen und Maschinen
O O Bildhauerisch tätig sein	O O Anstreichen, lackieren, tapezieren
O O Fotografieren	O O Bauen
O O Gestalten	O O Bearbeiten
O O Kreativ denken	O O Dekorieren
O O Musizieren	O O Kochen und backen
O O Schreiben	O O Maschinen bedienen

Natürliche motivierende Fähigkeiten nach Miller (Fortsetzung)	
Kreative Fähigkeiten	**Umgang mit Materialien, Werkzeugen und Maschinen**
O O Sport treiben	O O Mit Erde u. Natur arbeiten
O O Tanzen	O O Mit Computern arbeiten
O O Theater spielen	O O Präzisionsarbeit ausführen
O O Vorführen, amüsieren	O O Reparieren
O O Zeichnen und malen	O O Umgang mit Elektronik

Lassen Sie danach jemand anderen, der Sie sehr gut kennt, eine Fremdeinschätzung vornehmen. Gleichen Sie Selbst- und Fremdeinschätzung miteinander ab und entscheiden Sie sich für Ihre zehn stärksten, natürlichen motivierenden Fähigkeiten. Diese bringen Sie nun noch in eine Reihenfolge, beginnend mit der Fähigkeit, die Sie am liebsten ausüben und so weiter.[15] Eine weitere Einordnung und Interpretation nehmen wir in dem Kapitel „Wann sind Sie ideal intrinsisch motiviert?" vor (S. 92 ff.).

Priorität	Ihre natürlichen motivierenden Fähigkeiten
1.	
2.	
3.	
4.	
5.	
6.	
7.	
8.	
9.	
10.	

Im Folgenden können Sie herausfinden, welche Werte für Sie wichtig sind.

4.2. Ihre Werte

Im Laufe seines Lebens hat jeder Mensch für sich bestimmte Werte entwickelt, die in der Regel durch externe Faktoren beeinflusst wurden. Dabei haben diese externen Ursachen häufig einen gesellschaftlichen oder religiösen Ursprung. Diese Werte sind tief in uns verwurzelt und für unser Leben sehr wichtig. An ihnen orientieren wir uns in komplexen Situationen und sie dienen uns als Leitfaden. Unsere Werte zeigen an, was für uns wünschenswert ist und bestimmen maßgeblich unser tägliches Handeln und haben Einfluss auf unser Wohlbefinden. In Situationen, in denen wir gezwungen sind, gegen unsere Werte – und damit auch gegen unser Gewissen – zu verstoßen, fühlen wir uns unzufrieden und unglücklich. Beispielsweise mag es jemandem sehr schwer fallen, in einem Vorstellungsgespräch auf eine unerlaubte Frage hin mit einer in diesem Fall erlaubten Notlüge zu antworten, um sich nicht in eine schlechte Ausgangsposition zu bringen, wenn Ehrlichkeit zu seinem Wertegerüst gehört. Wenn wir jedoch gemäß unserer Werte handeln, so ist dieses Handeln häufig von der Gewissheit begleitet, das Richtige zu tun. Wir zweifeln nicht an unserer Handlung und fühlen uns zufrieden. Wenn es uns gelingt, in unserem täglichen Leben unsere Werte zu leben, werden wir langfristig ein zufriedenes und glückliches Leben führen.[16]

Sind Sie sich denn über Ihre Werte überhaupt im Klaren? Vielen von uns sind ihre Werte vermutlich nur wenig bewusst und die folgende Übung soll Ihnen dabei helfen, diese zu erkennen. Weiterhin können Sie durch diese Übung Klarheit dahingehend gewinnen, welche Bedeutung die jeweiligen Werte für Sie in Ihrem persönlichen Gesamtwertesystem haben.

Lesen Sie bitte die nachfolgende Aussageliste in Ruhe durch und entscheiden Sie sich dann für mindestens vier und höchstens zwölf dieser Aussagen bzw. Wünsche. Bedenken Sie dabei bitte, dass ein Mensch nur wenige Werte haben kann, nach denen er lebt. Wählen Sie Ihre Aussagen daher sorgfältig aus. In einem ersten Schritt markieren Sie bitte in der linken Spalte die Nummern der ausgewählten Aussagen, mit denen Sie übereinstimmen. In einem zweiten Schritt bewerten Sie bitte die markierten Aussagen mit der Anzahl der Punkte, die Sie diesen geben möchten, wobei Ihnen insgesamt 150 Punkte zur Verfügung stehen und zwei Aussagen nicht dieselbe Punktzahl erhalten dürfen. Tragen Sie diesen Wert bitte in die rechte Spalte der Tabelle ein.[17]

Liste wertebezogener Aussagen

	Diese Werte sind mir wichtig	Punkte
1	Mit guten Freunden Freud und Leid teilen	
2	Abläufe effizienter organisieren	
3	Von anderen unabhängig sein	
4	Sehr viel Geld und Güter besitzen	
5	Liebenswürdig und hilfsbereit gegenüber anderen sein	
6	Den Sinn des Lebens erkennen und erfahren	
7	Sich auf die wirklich wichtigen Dinge beschränken	
8	Gegen Ungerechtigkeiten in meinem Umfeld angehen und diese beseitigen	
9	Sich um einen ehrlichen Standpunkt bemühen	
10	Im Einklang mit den Menschen sein	
11	Immer sein Bestes geben	
12	Anerkennung in einem bestimmten Bereich erlangen	
13	Das Positive im Leben erkennen	
14	Die Vollkommenheit der Natur wahrnehmen	
15	Andere Menschen zu einem gemeinsamen Ziel hin führen	
16	Jeden Tag etwas über das Leben lernen	
17	Lebenskraft bis ins hohe Alter haben	
18	Anerkennen, dass jeder Mensch seine eigenen Entscheidungen treffen darf	
19	Sich anderen Menschen tief verbunden fühlen	
20	Sich auf seine Mitmenschen verlassen können	
21	Kontakt zu engen Freunden pflegen	
22	Aufgaben möglichst perfekt lösen	
23	Sein Leben möglichst selbst bestimmen können	
24	Genügend Wohlstand für ein sorgenfreies Leben	
25	Hilfsbedürftige Menschen unterstützen	
26	Erkennen, was hinter den Dingen steht	
27	Ein einfaches Leben, unabhängig von Technik und Kommerz führen	

Liste wertebezogener Aussagen (Fortsetzung)

	Diese Werte sind mir wichtig	Punkte
28	Die Schwierigkeiten des Alltags beherzt meistern	
29	Zu anderen Menschen stets fair sein	
30	Ein Leben im Einklang mit der Umwelt führen	
31	Auch unangenehme Dinge kraftvoll zu Ende bringen	
32	Von anderen Menschen für seine Leistungen bewundert werden	
33	Sich auch an den kleinen Dingen des Lebens erfreuen	
34	In einem vollendet gestalteten Umfeld leben	
35	In einer Position sein, in der man den Lauf der Dinge beeinflussen kann	
36	Lebensklugheit erlangen	
37	Aktiv das eigene Leben gestalten	
38	Verständnis für unterschiedliche Persönlichkeiten aufbringen	
39	Anderen Wertschätzung und Wärme schenken	
40	Für andere ein vertrauenswürdiger und verlässlicher Partner sein	

Zwei Aussagen sind jeweils Ausprägungen eines bestimmten Wertes. Die Werte sind in der folgenden Tabelle aufgelistet. Jetzt übertragen Sie bitte die vergebene Anzahl von Punkten in die folgende Tabelle. Für den Fall, dass Sie sich für beide Ausprägungen eines Wertes entschieden haben, addieren Sie nun die beiden Punktzahlen. Dann bringen Sie die einzelnen Werte bitte anhand der Summen in eine Reihenfolge.

Aussage	Wert	Punkte	Punkte	Summe	Rang
1 / 21	Freundschaft				
2 / 22	Optimierung				
3 / 23	Autonomie				
4 / 24	Materielle Güter				
5 / 25	Menschlichkeit				
6 / 26	Erkenntnis				
7 / 27	Einfachheit				
8 / 28	Mut				
9 / 29	Fairness				
10 / 30	Harmonie				
11 / 31	Leidenschaft				
12 / 32	Ansehen				
13 / 33	Freude				
14 / 34	Schönheit				
15 / 35	Einfluss				
16 / 36	Weisheit				
17 / 37	Vitalität				
18 / 38	Toleranz				
19 / 39	Liebe				
20 / 40	Verlässlichkeit				

Damit Sie weitere Werte, die für Sie wichtig sind, ergänzen können, erinnern Sie sich bitte an wichtige Entscheidungen, die Sie in den letzten Jahren getroffen haben. Hinterfragen Sie, welcher Wert letztlich den Ausschlag für Ihre jeweilige Entscheidung gegeben hat.

Wichtige Entscheidungen der vergangenen Jahre

Situation:

Alternativen:

Zugrundeliegender
Wert:

Situation:

Alternativen:

Zugrundeliegender
Wert:

Situation:

Alternativen:

Zugrundeliegender
Wert:

Würden Sie heute noch genauso entscheiden, wie damals? Möchten Sie diesen Werten auch weiterhin eine Bedeutung in Ihrem Leben beimessen?

Ermitteln Sie nun Ihre persönliche Werteliste, indem Sie die oben ermittelten Werte mit einem hohen Rang sowie Ihre zusätzlich ermittelten Werte zusammenfügen. Dabei bedeutet eins die höchste Priorität und zehn die niedrigste.

Priorität	Meine wichtigsten Werte
1.	
2.	
3.	
4.	
5.	
6.	
7.	
8.	
9.	
10.	

Die eigenen Werte zu kennen ist der zweite Schritt bei der Ermittlung der Bestimmungsfaktoren Ihrer intrinsischen Motivation. Wichtig ist, dass es Ihnen möglichst häufig gelingt, diese Werte zu leben und mit Ihrem Verhalten auch umzusetzen. Wenn Ihr Verhalten mit Ihren Werten übereinstimmt, ist das Ergebnis oft ein angenehmes Gefühl. Das Leben der eigenen Werte erfüllt einen also mit Zufriedenheit.

Nun folgt der dritte Schritt der Ermittlung der Bestimmungsfaktoren Ihrer intrinsischen Motivation, bei dem Sie Klarheit über die zentralen Lebensmotive, die Sie antreiben, gewinnen.

4.3. Ihre zentralen Lebensmotive

Lebensmotive beschreiben die grundlegenden psychologischen Bedürfnisse, die die Persönlichkeit bestimmen. Es sind zentrale Bedürfnisse, die erfüllt sein müssen, damit es Ihnen beruflich und privat gut geht. Lebensmotive sind die treibende Kraft, die in uns steckt und hinter unseren Handlungen steht. Psychologen bezeichnen Bedürfnisse deshalb als Motive, weil sie uns zu unseren Handlungen motivieren.[18] Einmal aktiviert, beeinflusst diese Kraft unser Denken, Empfinden und Verhalten. Nicht befriedigte Lebensmotive können Sie unzufrieden, unglücklich und auf Dauer sogar krank machen. Auch unsere Lebensmotive motivieren uns intrinsisch, wenn sie befriedigt werden. Wir fühlen uns dann glücklich und zufrieden. Was aber genau ist ein Lebensmotiv? Ein Lebensmotiv kann als eine Veranlagung beschrieben werden, gewisse Dinge in der Umwelt stärker wahrzunehmen, da sie mit bestimmten Gefühlen verbunden sind. Aus dieser Veranlagung ergibt sich die Tendenz, bestimmte Situationen zu suchen und andere zu vermeiden. Lebensmotive bewirken demnach Handlungstendenzen, die auf das Erreichen bestimmter Gefühlszustände abzielen.

Beispielsweise erkennt jemand, der großen Wert auf Statussymbole legt, Situationen, in denen er mit diesen glänzen kann, schneller als andere. Diese Situationen sucht er besonders, da er mit Ihnen das Gefühl von Stolz auf das bisher Erreichte (z. B. großes Auto, teure Armbanduhr, repräsentatives Haus) verbindet. Er wird bestimmte Verhaltensweisen entwickeln, die sich aus seinem Bedürfnis heraus ergeben.

Steven Reiss identifizierte 16 grundlegende Motive, die die Antriebsstruktur eines Menschen abbilden. Mit dem Reiss Profile legt er ein Instrument vor, mit dem die individuelle Ausprägung der Lebensmotive ermittelt werden kann. Einen Überblick über diese Lebensmotive liefert die folgende Tabelle.[19]

Diese zentralen Lebensmotive hat Steven Reiss mit Hilfe einer Befragung von 6000 Menschen in den verschiedensten Lebensstadien entdeckt. Sie steuern fast alle unsere Handlungen.[20]

Im Folgenden werden diese Lebensmotive näher erläutert und Sie können durch die Beantwortung ausgewählter Fragen zu jedem Motiv Ihre individuelle Ausprägung der Lebensmotive zumindest näherungsweise ermitteln.[21]

Reiss Profile®
who you are

Lebensmotiv	Verhaltensmerkmal
Macht	Das Lebensmotiv Macht gibt Auskunft darüber, ob jemandem das Führen/Verantworten oder eher das Übernehmen von Dienstleistung wichtig ist.
Unabhängigkeit	Das Lebensmotiv Unabhängigkeit macht eine Aussage darüber, wie jemand seine Beziehungen in den Aspekten Autonomie oder Verbundenheit zu anderen Menschen gestaltet.
Neugier	Das Lebensmotiv Neugier macht eine Aussage darüber, welche Bedeutung das Thema „Wissen“ für jemanden im Leben hat und wozu er Wissen erwerben möchte.
Anerkennung	Das Lebensmotiv Anerkennung macht eine Aussage darüber, durch „wen“ oder durch „was“ jemand sein positives Selbstbild aufbaut.
Ordnung	Die Ausprägung im Lebensmotiv Ordnung zeigt an, wie viel Strukturiertheit oder Flexibilität jemand in seinem Leben benötigt.
Sparen/Sammeln	Das Lebensmotiv Sparen/Sammeln kommt in seiner evolutionären Entsprechung aus dem „Anlegen von Vorräten“. Die Ausprägung zeigt an, wie viel es jemandem emotional bedeutet, Dinge zu besitzen.
Ehre	Bei dem Lebensmotiv Ehre geht es darum, ob jemand nach Prinzipientreue strebt oder eher zweckorientiert ist.
Idealismus	Das Lebensmotiv Idealismus betrachtet den altruistischen Anteil der Moralität und gibt Auskunft darüber, wie viel Bedeutung Verantwortung in Bezug auf Fairness und soziale Gerechtigkeit hat.
Beziehungen	Bei dem Lebensmotiv Beziehungen wird die Bedeutung von sozialen Kontakten dargestellt. Hierbei spielt die Quantität der Kontakte eine entscheidende Rolle.
Familie	Das Lebensmotiv Familie gibt Auskunft darüber, welche Bedeutung das Thema Fürsorglichkeit für jemanden hat (bezogen auf die eigenen Kinder).
Status	Beim Lebensmotiv Status geht es um den Wunsch, entweder in einem elitären Sinne „erkennbar anders“ oder aber unauffällig und wie die anderen zu sein.
Rache/Kampf	Bei dem Lebensmotiv Rache/Kampf geht es insbesondere um den Aspekt des Vergleichens mit anderen. Dazu gehören auch die Themen Aggression und Vergeltung einerseits sowie Harmonie und Konfliktvermeidung andererseits.
Eros	Eros als Lebensmotiv gibt Auskunft über die Bedeutung von Sinnlichkeit im Leben eines Menschen. Dazu gehören neben der Sexualität auch alle anderen Aspekte von Sinnlichkeit (z.B. Design, Kunst, Schönheit).
Essen	Das Lebensmotiv Essen fragt nach der Bedeutung, die Essen als Selbstzweck für jemanden hat, d.h. wie viel der Genuss an Essen zu der Lebenszufriedenheit beiträgt.
Körperliche Aktivität	Das Lebensmotiv Körperliche Aktivität fragt nach der Wichtigkeit, die körperliche Aktivität (Arbeit oder Sport) für die Lebenszufriedenheit hat.
Emotionale Ruhe	Das Lebensmotiv Emotionale Ruhe kann auch mit emotionaler Stabilität umschrieben werden und fragt nach der Bedeutung stabiler emotionaler Verhältnisse für die Lebenszufriedenheit.

Überblick über die Lebensmotive nach Steven Reiss.

Macht

Die meisten Menschen haben ein gewisses Bedürfnis nach Macht. Das heißt, Sie haben den Wunsch, Einfluss zu nehmen und Entscheidungen zu treffen.[22]

Dabei lässt sich das Bedürfnis nach Macht auf vielfältige Art und Weise befriedigen. Ein weit verbreiteter Weg ist die Ausübung von Einfluss durch Leistungen. Menschen mit einem ausgeprägten Machtbedürfnis genießen es häufig, beruflichen Einfluss auszuüben, indem sie in ihrem gewählten Beruf herausragende Leistungen erbringen. Ist das Bedürfnis nach Macht eher normal ausgeprägt, ist auch der Ehrgeiz der jeweiligen Person moderater.

Da Führung ein weiterer Weg ist, Machtbedürfnisse zu befriedigen, übernehmen Machtmenschen gern die Verantwortung für Menschen und Dinge.

Dem System der 16 Lebensmotive zufolge hat jedoch niemand den Wunsch, immer und ständig Macht auszuüben. Stattdessen wünschen wir uns ein gewisses Maß an Macht. Wenn wir mehr Macht besitzen als wir eigentlich wollen, suchen wir unter Umständen nach der gegenteiligen Erfahrung – der Dienstleistungsorientierung –, um das angestrebte Gleichgewicht wiederherzustellen. Ein gutes Beispiel ist der Geschäftsmann, der im Beruf den Ton angibt, zu Hause aber auch Aufgaben übernimmt und erledigt, ohne direkt an der Entscheidung beteiligt zu sein. In Bezug auf die Macht, die wir anstreben und die Häufigkeit, mit der wir uns unterwerfen, um unser persönliches Machtgleichgewicht herzustellen, ist jeder von uns ein Individuum.

Ihr Machtbedürfnis ist sehr groß, wenn eine der drei folgenden Aussagen im Allgemeinen auf Sie zutrifft:[23]

1. Im Vergleich zu anderen Menschen Ihres Alters sind Sie äußerst ehrgeizig.
2. Sie streben gewöhnlich Führungsrollen an.
3. Im sozialen Kontakt mit Menschen Ihres Alters dominieren Sie gewöhnlich die Situation.

Ihr Machtbedürfnis ist gering, wenn Sie einer der folgenden Aussagen generell zustimmen:

1. Sie sind erheblich weniger ehrgeizig als andere Menschen Ihres Alters.
2. Im Allgemeinen ziehen sie es vor, in sozialen Situationen unterwürfig zu sein.

Sie können ihr Machtbedürfnis als durchschnittlich bewerten, wenn Sie es weder als sehr groß noch als gering eingestuft haben oder wenn Sie sowohl Aussagen zugestimmt haben, die auf ein sehr großes Machtbedürfnis hinweisen als auch Aussagen, die auf ein geringes Machtbedürfnis hinweisen.

Notieren Sie, was Sie empfinden und was Ihnen einfällt, wenn Sie das Bedürfnis nach Macht im Zusammenhang mit Ihrer Persönlichkeit betrachten.

Macht

In welchen Situationen bzw. bei welchen Themen befriedigen Sie Ihr Bedürfnis nach Einfluss und Macht?

Sind Sie damit zufrieden, wie Sie Ihr Machtbedürfnis derzeit ausleben?

Unabhängigkeit

Unabhängigkeit ist das Bedürfnis nach Eigenverantwortung, das den wiederkehrenden Wunsch erzeugt, das Gefühl von Freiheit zu erleben. So ziehen Jugendliche irgendwann von zu Hause aus, um sich unabhängig von ihren Eltern ein eigenes Zuhause zu schaffen.

Menschen, die ein ausgeprägtes Bedürfnis nach Unabhängigkeit haben, mögen es im Allgemeinen nicht, für die Befriedigung ihrer Bedürfnisse von anderen abhängig zu sein.

Viele Menschen wollen aber gar nicht so unabhängig wie möglich werden, sondern suchen nach einem gewissen Grad an Unabhängigkeit, mit dem sie sich wohlfühlen. Wenn wir in Situationen geraten, die von uns verlangen, unabhängiger zu sein, als wir sein wollen, empfinden wir Freiheit vorübergehend mehr als Last denn als Freude. Es kann dann sein, dass wir uns in Beziehungen gegenseitiger Abhängigkeit begeben, um das Gefühl von zu großer Freiheit zu kompensieren. Wie viel Freiheit ein Übermaß darstellt, ist individuell verschieden. Sowohl die Unabhängigkeit als Freude darüber, eigenverantwortlich zu handeln, als auch die gegenseitige Abhängigkeit (die Freude, darauf zu vertrauen, dass andere uns helfen) sind normale und gesunde Bedürfnisse.

Sie können Ihr Bedürfnis nach Unabhängigkeit als sehr groß bewerten, wenn Sie einer der beiden folgenden Aussagen zustimmen:

1. Üblicherweise lehnen Sie Ratschläge und Anleitung von Dritten ab.
2. Selbstbehauptung ist für Ihre Zufriedenheit von grundlegender Bedeutung.

Sie können Ihr Bedürfnis nach Unabhängigkeit als gering bewerten, wenn Sie einer der beiden folgenden Aussagen zustimmen:

1. Im Vergleich zu anderen Menschen Ihres Alters sind Sie erheblich stärker auf Ihren Ehe- oder Lebenspartner fixiert.
2. Sie sind nicht gern allein.

Sie können Ihr Bedürfnis nach Unabhängigkeit als durchschnittlich bewerten, wenn Sie es weder als sehr groß noch als gering eingestuft haben oder wenn Sie Aussagen zustimmen, die sowohl auf ein sehr großes als auch auf ein geringes Unabhängigkeitsbedürfnis hinweisen.

Notieren Sie, was Sie empfinden und was Ihnen einfällt, wenn Sie das Bedürfnis nach Unabhängigkeit im Zusammenhang mit Ihrer Persönlichkeit betrachten.

Unabhängigkeit

In welchen Situationen bzw. bei welchen Themen befriedigen Sie Ihr Bedürfnis nach Unabhängigkeit?

Selbst zu entscheiden wohin ich gehe oder fahre

Sind Sie damit zufrieden, wie Sie Ihr Unabhängigkeitsbedürfnis derzeit ausleben?

jein

Neugier

Neugier ist das Bedürfnis zu lernen um des Lernens willen und eine der größten Freuden im Leben. Neben dem Urbedürfnis, neue Plätze zu erkunden beinhaltet Neugier das Bedürfnis zu lesen, zu schreiben und zu denken. Nicht zu verwechseln ist Neugier mit Intelligenz. Diese bezieht sich auf die Leichtigkeit, mit der ein Mensch Dinge lernt, wohingegen Neugier besagt, wie sehr ein Mensch den Lernprozess genießt.

Ausgeprägt neugierige Menschen sind häufig sehr intellektuell. Sie verspüren ein starkes Bedürfnis, Dinge zu analysieren und sie denken so gut wie über alles im Leben nach.

Neugier ist bei Ihnen sehr stark ausgeprägt, wenn Sie einer der folgenden Aussagen generell zustimmen:

1. Sie sind wissensdurstig.
2. Im Vergleich zu anderen Menschen Ihres Alters stellen Sie viele Fragen.
3. Sie denken viel über Wahrheit nach.

Ihre Neugier ist gering ausgeprägt, wenn Sie einer der beiden folgenden Aussagen generell zustimmen:

1. Sie mögen keine geistigen Aktivitäten.
2. Sie stellen selten Fragen.

Ihre Neugier ist eher durchschnittlich ausgeprägt, wenn Sie diese weder als sehr groß noch als gering eingestuft haben oder wenn Sie Aussagen zustimmen, die sowohl auf eine sehr ausgeprägte als auch auf eine geringe Neugier hinweisen.

Notieren Sie, was Sie empfinden und was Ihnen einfällt, wenn Sie das Bedürfnis nach Neugier im Zusammenhang mit Ihrer Persönlichkeit betrachten.

Neugier

In welchen Situationen bzw. bei welchen Themen befriedigen Sie Ihre Neugier?

Sind Sie damit zufrieden, wie Sie Ihr Bedürfnis nach Neugier derzeit ausleben?

Anerkennung

Anerkennung ist das Bedürfnis nach Akzeptanz und Einbeziehung und motiviert Menschen dazu, einerseits nach Perfektion zu streben und andererseits Ablehnung und Kritik möglichst zu vermeiden. Menschen mit einem ausgeprägten Bedürfnis nach Anerkennung suchen soziale Situationen, da diese die Chance auf Anerkennung und Lob bieten. Sie suchen bei anderen ständig nach Bestätigung. Bei Kritik überreagieren Sie und unternehmen meistens größte Anstrengungen, um Situationen zu vermeiden, in denen sie bewertet werden. Einige Erwachsene bewerben sich beispielsweise nicht um eine Beförderung oder eine anspruchsvolle Arbeitsstelle, weil sie Angst haben, abgelehnt zu werden.

Ihr Bedürfnis nach Anerkennung ist sehr groß, wenn Sie einer der folgenden Aussagen generell zustimmen:

1. Sie setzen sich üblicherweise leicht zu erreichende Ziele.
2. Sie werfen schnell die Flinte ins Korn.

3. Sie können schlecht mit Kritik umgehen.

Ihr Bedürfnis nach Anerkennung ist gering, wenn Sie einer der beiden folgenden Aussagen zustimmen:

1. Sie verfügen über ein hohes Maß an Selbstvertrauen.
2. Sie können mit Kritik erheblich besser umgehen als die meisten Menschen, das heißt, Sie regen sich nicht übermäßig darüber auf.

Ihr Bedürfnis nach Anerkennung ist eher durchschnittlich ausgeprägt, wenn Sie dieses weder als sehr groß noch als gering eingestuft haben oder wenn Sie Aussagen zustimmen, die sowohl auf ein sehr ausgeprägtes als auch auf ein geringes Bedürfnis nach Anerkennung hinweisen.

Notieren Sie, was Sie empfinden und was Ihnen einfällt, wenn Sie das Bedürfnis nach Anerkennung im Zusammenhang mit Ihrer Persönlichkeit betrachten.

Anerkennung

In welchen Situationen bzw. bei welchen Themen befriedigen Sie Ihr Bedürfnis nach Anerkennung?

Sind Sie damit zufrieden, wie Sie Ihr Bedürfnis nach Anerkennung derzeit ausleben?

Ordnung

Unser Bedürfnis nach Ordnung leben wir dadurch aus, das wir Dinge organisieren, einen Zeitplan aufstellen, Pläne schmieden, eine To-do-Liste erstellen, Regeln notieren und Ordnung schaffen oder sauber machen. Es geht um das Bedürfnis nach Ordnung, Sauberkeit und Struktur und das Gefühl von Zufriedenheit, wenn dieser Zustand gegeben ist. Dagegen kann Unordnung Unbehagen auslösen, weil sie Chaos, Unberechenbarkeit und fließende Zustände suggeriert. Jeder Mensch verfügt über ein bestimmtes Maß an Ordnung, mit dem er sich wohl fühlt. Organisierte Menschen bevorzugen ein relativ hohes Maß an Ordnung, während flexible Menschen auch mit weniger Ordnung zurechtkommen. Wenn das Maß an Ordnung in unserer Umgebung nicht unseren Bedürfnissen entspricht, sind wir bestrebt, das erwünschte Maß (wieder) herzustellen.

Ihr Bedürfnis nach Ordnung ist sehr groß, wenn Sie einer der folgenden Aussagen generell zustimmen:

1. Sie sind erheblich organisierter als die meisten Menschen.
2. Sie haben viele Regeln und versuchen, diese eisern zu befolgen.
3. Sie putzen gern und räumen gern auf.

Ihr Bedürfnis nach Ordnung ist gering, wenn Sie einer der beiden folgenden Aussagen generell zustimmen:

1. In Ihrem Büro beziehungsweise an Ihrem Arbeitsplatz herrscht üblicherweise eine heillose Unordnung.
2. Sie hassen es zu planen.

Ihr Bedürfnis nach Ordnung ist eher durchschnittlich ausgeprägt, wenn Sie dieses weder als sehr groß noch als gering eingestuft haben oder wenn Sie Aussagen zustimmen, die sowohl auf ein sehr ausgeprägtes als auch auf ein geringes Bedürfnis nach Ordnung hinweisen.

Notieren Sie, was Sie empfinden und was Ihnen einfällt, wenn Sie das Bedürfnis nach Ordnung im Zusammenhang mit Ihrer Persönlichkeit betrachten.

Ordnung

In welchen Situationen bzw. bei welchen Themen befriedigen Sie Ihr Bedürfnis nach Ordnung?

Sind Sie damit zufrieden, wie Sie Ihr Bedürfnis nach Ordnung derzeit ausleben?

Sparen/Sammeln

Sparen ist das Bedürfnis zu sammeln. Dieses Bedürfnis motiviert Menschen dazu, Geld zu sparen und interessante Dinge zu sammeln, wie zum Beispiel Briefmarken oder Münzen. Das Bedürfnis zu sparen macht Genügsamkeit zu einem intrinsischen Wert und motiviert uns, Verschwendung zu vermeiden. Genügsame Menschen sparen alles und werfen nichts weg, solange es sich noch irgendwie verwenden lässt, egal wie banal der Verwendungszweck auch sein mag. Sie versuchen Geld zu sparen, unabhängig davon, ob sie reich oder arm sind.

Das Streben nach Reichtum fällt dabei unter das Bedürfnis zu sparen. Aber um es richtig einordnen zu können, muss es in jedem Fall näher betrachtet werden. Manchmal ist Sparen das Endziel des Reichtums, manchmal ist es aber auch die Befriedigung des Statusbedürfnisses. Wenn Menschen sparen, damit sie sehen können, wie ihr Bankkonto wächst, dann ist das Endziel sparen. Sparen Menschen dagegen, um Anschaffungen, wie ein teures Auto zu machen oder andere mit ihrem Reichtum zu beindrucken, dann ist die Befriedigung von Status das Endziel.

Ihr Sparbedürfnis ist sehr groß, wenn Sie einer der folgenden Aussagen generell zustimmen:

1. Sie sind ein Sammler.
2. Sie sind geizig.
3. Sie geben erheblich weniger Geld aus als andere Menschen.

Ihr Sparbedürfnis ist gering, wenn Sie einer der beiden folgenden Aussagen generell zustimmen:

1. Sie geben gerne Geld aus.
2. Sie sparen kaum.

Ihr Sparbedürfnis ist eher durchschnittlich ausgeprägt, wenn Sie dieses weder als sehr groß noch als gering eingestuft haben oder wenn Sie Aussagen zustimmen, die sowohl auf ein sehr ausgeprägtes als auch auf ein geringes Sparbedürfnis hinweisen.

Notieren Sie, was Sie empfinden und was Ihnen einfällt, wenn Sie Ihr Sparbedürfnis im Zusammenhang mit Ihrer Persönlichkeit betrachten.

Sparen/Sammeln

In welchen Situationen bzw. bei welchen Themen befriedigen Sie Ihr Sparbedürfnis

Sind Sie damit zufrieden, wie Sie Ihr Sparbedürfnis derzeit ausleben?

Ehre

Unter Ehre ist das Bedürfnis zu verstehen, loyal gegenüber den eigenen Eltern und dem eigenen Erbe zu sein, gegenüber der eigenen Ethnie und Kultur, dem eigenen Moralkodex, der eigenen Religion, der eigenen Stadt oder gegenüber der Nation zu sein, der man angehört. Bei Menschen mit einem starken Bedürfnis nach Ehre haben Charakter, Religion, ethnische Tradition und Patriotismus einen hohen Stellenwert. Das Bedürfnis nach Ehre motiviert Menschen zu einem stark ausgeprägten Pflichtgefühl. Das kann so weit gehen, dass dieses Pflichtgefühl alles andere bestimmt.

Wenn Menschen ihre Pflichten erfüllen, bringen sie sich selbst Ehre ein und erhöhen das Ansehen ihrer Eltern. Dabei unterscheiden sich Menschen ganz erheblich, was ihre Loyalität und Prinzipienfestigkeit angeht.

Menschen mit einem ausgeprägten Bedürfnis nach Ehre entwickeln leicht Scham und Schuldgefühle, wenn sie sich unehrenhaft verhalten. Da Menschen mit einem ausgeprägten Ehrgefühl nicht mit Scham oder Schuldgefühlen leben wollen, sind sie bestrebt, ihre Pflichten zu erfüllen und andere moralisch einwandfrei zu behandeln. Im Gegensatz dazu empfinden Menschen mit einem geringen Ehrgefühl eher selten Scham oder Schuld. Sie haben in der Regel ein geringeres Pflichtgefühl und weniger moralische Prinzipien.

Ihr Bedürfnis nach Ehre ist sehr groß, wenn Sie einer der folgenden Aussagen generell zustimmen:

1. Sie gelten als äußerst prinzipientreue Person.
2. Sie gelten als sehr loyal.

Ihr Bedürfnis nach Ehre ist gering, wenn Sie einer der beiden folgenden Aussagen generell zustimmen:

1. Sie glauben, dass jeder sich selbst der Nächste ist.
2. Moral ist Ihnen nicht besonders wichtig.

Ihr Bedürfnis nach Ehre ist durchschnittlich, wenn Sie es weder als sehr groß noch als gering eingestuft haben oder wenn Sie Aussagen zustimmen, die sowohl auf ein sehr ausgeprägtes als auch auf ein geringes Ehrbedürfnis hinweisen.

Notieren Sie, was Sie empfinden und was Ihnen einfällt, wenn Sie Ihr Bedürfnis nach Ehre im Zusammenhang mit Ihrer Persönlichkeit betrachten.

Ehre

In welchen Situationen bzw. bei welchen Themen befriedigen Sie Ihr Bedürfnis nach Ehre?

Sind Sie damit zufrieden, wie Sie Ihr Bedürfnis nach Ehre derzeit ausleben?

Idealismus

Idealismus ist das Bedürfnis nach Fairness beziehungsweise sozialer Gerechtigkeit. Es motiviert Menschen zu Engagement und dazu, zur Verbesserung der Menschheit beizutragen. Idealistische Menschen arbeiten für Wohlfahrtseinrichtungen, wirken ehrenamtlich an Programmen für Bedürftige mit, spenden für soziale Zwecke oder engagieren sich für Verbesserungen in ihrer Gemeinde. Einige Menschen werden sogar aus idealistischen Gründen Geistliche.

Weiterhin motiviert Idealismus Menschen zu einer intrinsischen Wertschätzung von Fairness und Gerechtigkeit. Fast alle Menschen entwickeln ein Gefühl für Fairplay. So empfinden Menschen in allen Kulturen die Verpflichtung, persönliche Gefallen zu erwidern und Versprechen einzuhalten.

Idealistische Menschen achten zudem auf die soziale Bedeutung ihrer Handlungen. Es ist möglich, dass die Verbesserung der Gesellschaft oder der Einsatz für ein soziales Anliegen für sie das Wichtigste im Leben ist. Einige nehmen sogar persönliche Risiken auf sich, um für ihre Ideale zu kämpfen.

Ihr Bedürfnis nach Idealismus ist sehr groß, wenn Sie einer der folgenden Aussagen generell zustimmen:

1. Sie bringen für soziale und humanitäre Anliegen persönliche Opfer.
2. Sie haben wiederholt ehrenamtlich bei einer sozialen oder kirchlichen Organisation mitgearbeitet.

3. Sie haben wiederholt großzügige Spenden für Bedürftige geleistet.

Ihr Bedürfnis nach Idealismus ist gering, wenn Sie einer der beiden folgenden Aussagen generell zustimmen:

1. Sie kümmern sich wenig um die Belange, die die Gesellschaft als Ganzes betreffen.
2. Sie glauben nicht an karitative Arbeit.

Ihr Bedürfnis nach Idealismus ist eher durchschnittlich, wenn Sie es weder als sehr groß noch als gering eingestuft haben oder wenn Sie Aussagen zustimmen, die sowohl auf ein sehr ausgeprägtes als auch auf ein geringes Bedürfnis nach Idealismus hinweisen.

Notieren Sie, was Sie empfinden und was Ihnen einfällt, wenn Sie das Bedürfnis nach Idealismus im Zusammenhang mit Ihrer Persönlichkeit betrachten.

Idealismus

In welchen Situationen bzw. bei welchen Themen befriedigen Sie Ihr Bedürfnis nach Idealismus?

Sind Sie damit zufrieden, wie Sie Ihr Bedürfnis nach Idealismus derzeit ausleben?

Beziehungen

Das Bedürfnis nach Beziehungen ist der Wunsch, Zeit mit Freunden, Gleichgesinnten oder Kollegen zu verbringen. Spaß zu haben ist Bestandteil dieses Bedürfnisses, da Spaß etwas ist, das man hauptsächlich im Umgang mit anderen Menschen empfindet. Zwar ist dieses Bedürfnis bei allen Menschen vorhanden, doch der Wunsch nach Nähe und Kontakt zu anderen kann individuell sehr unterschiedlich ausgeprägt sein.

Ihr Bedürfnis nach Beziehungen ist sehr groß, wenn Sie einer der folgenden Aussagen generell zustimmen:

1. Um sich glücklich und zufrieden zu fühlen, brauchen Sie ständig Menschen um sich.
2. Sie gelten als jemand, der gerne Spaß hat.

Ihr Bedürfnis nach Beziehungen ist gering, wenn Sie einer der folgenden Aussagen generell zustimmen:

1. Sie sind ein eher zurückgezogener Mensch.
2. Sie hassen Partys.
3. Sie haben kein großes Interesse an anderen Menschen, die nicht zu ihrer Familie beziehungsweise Ihrem engsten Freundeskreis gehören.

Ihr Bedürfnis nach Beziehungen ist durchschnittlich, wenn Sie es weder als sehr groß noch als gering eingestuft haben oder wenn Sie Aussagen zustimmen, die sowohl auf ein sehr ausgeprägtes als auch auf ein geringes Bedürfnis nach Beziehungen hinweisen.

Notieren Sie, was Sie empfinden und was Ihnen einfällt, wenn Sie das Bedürfnis nach Beziehungen beziehungsweise Geselligkeit im Zusammenhang mit Ihrer Persönlichkeit betrachten.

Beziehungen

In welchen Situationen bzw. bei welchen Themen befriedigen Sie Ihr Bedürfnis nach Beziehungen?

Sind Sie damit zufrieden, wie Sie Ihr Bedürfnis nach Beziehungen derzeit ausleben?

Familie

Das Bedürfnis nach Familie drückt in erster Linie den Wunsch aus, die eigenen Kinder zu lieben und großzuziehen. Viele Eltern investieren sehr viel Zeit, Geld und Energie, um ihre Kinder aufzuziehen. Manchmal halten Sie sogar an einer Arbeit fest, die ihnen nicht gefällt, weil sie das Geld für ihre Kinder brauchen. Andere Eltern haben mehrere Jobs oder machen Überstunden, damit sie ihren Kindern ein Studium finanzieren können. Einige Eltern kümmern sich mit größtem Zeit- und Energieeinsatz um behinderte oder chronisch kranke Kinder oder spenden sogar Organe für diese. Ungeachtet dessen sagen die meisten Eltern, dass trotz aller Opfer und Verantwortung die Familie und Kindererziehung eine der größten Freuden in ihrem Leben sei. Insgesamt ist das Bedürfnis nach Familie individuell sehr unterschiedlich. Einige Menschen wünschen sich viele Kinder und verbringen einen Großteil ihrer Zeit damit, sich um sie zu kümmern, während für andere Kinder keinen hohen Stellenwert haben.

Ihr Bedürfnis nach Familie ist sehr groß, wenn Sie einer der folgenden Aussagen generell zustimmen:

1. Kinder großzuziehen ist von grundlegender Bedeutung für Ihre Zufriedenheit.
2. Verglichen mit anderen Eltern, die Sie kennen, verbringen Sie viel mehr Zeit mit Ihren Kindern.

Ihr Bedürfnis nach Familie ist gering, wenn Sie einer der beiden folgenden Aussagen generell zustimmen:

1. Sie empfinden die Vorstellung, sich um Kinder kümmern zu müssen, als Belastung.
2. Sie haben ein Kind verlassen.

Ihr Bedürfnis nach Familie ist durchschnittlich, wenn Sie es weder als sehr groß noch als gering eingestuft haben oder wenn Sie Aussagen zustimmen, die sowohl auf ein sehr ausgeprägtes als auch auf ein geringes Familienbedürfnis hinweisen.

Notieren Sie, was Sie empfinden und was Ihnen einfällt, wenn Sie das Bedürfnis nach Familie im Zusammenhang mit Ihrer Persönlichkeit betrachten.

Familie

In welchen Situationen bzw. bei welchen Themen befriedigen Sie Ihr Bedürfnis nach Familie?

Sind Sie damit zufrieden, wie Sie Ihr Bedürfnis nach Familie derzeit ausleben?

Status

Der Status eines Menschen wird durch gesellschaftliches Ansehen, soziale Anerkennung und (Sozial-)Prestige bestimmt. Bestimmte Berufsgruppen, wie Ärzte, Richter oder Pfarrer werden schon allein aufgrund ihrer wichtigen Funktion besonders gewürdigt. Hat jemand zusätzlich noch einen Doktortitel oder ist er gar Professor, hören viele Menschen schon genauer hin und glauben ihm eher. Fährt ein Geschäftsmann ein teures Auto, wird ihm in der Regel unterstellt, erfolgreich zu sein und er wird daher häufig bewundert. Auch andere materielle Statussymbole, wie zum Beispiel teure (Maß-)Kleidung, Schmuck oder eine entsprechende Armbanduhr, verraten die soziale Stellung (gewünscht oder tatsächlich) einer Person. Bei bestimmten Berufsgruppen wird diese auch durch entsprechende Kleidungsstücke verkörpert, wie zum Beispiel dem Arztkittel oder der Richterrobe. Wie wichtig der soziale Status für einen Menschen ist, ist individuell verschieden. Der eine sucht sich seinen Beruf gezielt nach dem damit verbundenen Sozialprestige bzw. Status aus, dem anderen ist dies vollkommen gleichgültig.

Menschen mit einem hohen Bedürfnis nach Status beziehen bei ihren Aktivitäten häufig Überlegungen mit ein, wie sich diese wohl auf ihr Ansehen auswirken können. Ihnen ist besonders wichtig, von anderen anerkannt zu werden. Wenn es ihrem Ansehen förderlich ist, sind sie bereit, viel Energie und Zeit in eine solche Tätigkeit zu investieren. Es kann vorkommen, dass, wenn beruflich ehrgeizige Menschen mit einem ausgeprägten Statusbedürfnis ein Stellenangebot erhalten, sie mehr Zeit mit der Verhandlung über ihre Positionsbezeichnung als über ihr Gehalt und ihre dazu gehörenden Zusatzleistungen verbringen. Viele Menschen orientieren sich bei der Bewertung ihrer Karriereentwicklung stärker an ihrer Positionsbezeichnung als an ihrer Gehaltsentwicklung. So sind Eliteuniversitäten in den USA dafür bekannt, dass sie ihren Professoren weniger zahlen als andere Universitäten mit der Begründung, das Renommee, das mit einem Lehrauftrag an einer Eliteuniversität verbunden sei, gleiche den Gehaltsunterschied mehr als aus. Auch sind einige Menschen bereit, für ein prestigeträchtiges Markenprodukt auch dann mehr zu zahlen, wenn ein ähnliches oder preisgünstigeres Produkt ungefähr die gleiche Qualität bietet. Das zeigt, dass das Bedürfnis nach Status bei manchen Menschen einen hohen Stellenwert genießt.

Menschen mit einem geringen Bedürfnis nach Status streben in der Regel nicht aktiv danach. Zwar ist gesellschaftliche Anerkennung ihnen nicht unangenehm, aber sie hat bei ihnen keine hohe Priorität. Solchen Menschen kommt es nicht in den Sinn, ihre Handlungen und Aktivitäten nach dem Ansehen und der Bewertung der Gesellschaft auszurichten. Dabei verzichten sie zugunsten ihrer persönlichen Interessen auch auf den sozialen Einfluss, der mit einem höheren Status oft einhergeht.

Ihr Bedürfnis nach Status ist sehr hoch, wenn sie einer der folgenden Aussagen generell zustimmen:

1. Sie wollen fast immer nur das Beste und Teuerste kaufen.
2. Sie kaufen Dinge oft nur, um andere Menschen damit zu beeindrucken.
3. Sie verbringen einen großen Teil Ihrer Zeit mit Mitgliedschaften in prestigeträchtigen Klubs oder Organisationen.

Ihr Bedürfnis nach Status ist gering, wenn Sie einer der folgenden Aussagen generell zustimmen:

1. Im Allgemeinen ist es Ihnen egal, was andere über sie denken.
2. Sie lassen sich weitaus weniger von Reichtum beeindrucken als die meisten Menschen in Ihrem Bekanntenkreis.
3. Oberschichtstatus oder gar königlicher Status lässt Sie völlig unbeeindruckt.

Ihr Bedürfnis nach Status ist durchschnittlich, wenn Sie es weder als sehr groß noch als gering eingestuft haben oder wenn Sie Aussagen zustimmen, die sowohl auf ein sehr ausgeprägtes als auch auf ein geringes Statusbedürfnis hinweisen.

Notieren Sie, was Sie empfinden und was Ihnen einfällt, wenn Sie das Bedürfnis nach Status im Zusammenhang mit Ihrer Persönlichkeit betrachten.

Status

In welchen Situationen bzw. bei welchen Themen befriedigen Sie Ihr Bedürfnis nach Status?

Sind Sie damit zufrieden, wie Sie Ihr Bedürfnis nach Status derzeit ausleben?

Rache/Kampf

Rache/Kampf ist der Wunsch, es den Menschen, die uns beleidigt haben, mit gleicher Münze heimzuzahlen. Meist geht er mit Wut- oder Hassgefühlen einher. Rache/Kampf kann sowohl von Aggression als auch von Konkurrenzstreben motiviert sein. Dieses Bedürfnis nach Wettbewerb bezieht sich auf den Wunsch, sich mit anderen zu messen und dabei gut abzuschneiden. Menschen mit einem ausgeprägten Bedürfnis nach Rache/Kampf mögen es, sich in Konkurrenzsituationen gegen andere zu behaupten. Bewusst suchen sie diese Situation und fürchten sich nicht vor der Konfrontation und einem möglichen Versagen. Dadurch können sie ihre Fähigkeiten und ihr Vermögen unter Beweis stellen. Wenn ein Konkurrent, zum Beispiel beim Sport, einen anderen übertrumpft, motiviert das Bedürfnis, sich mit anderen zu messen, einige Menschen dazu, Revanche zu suchen. Ob im Sport, im Geschäftsleben oder unter Geschwistern – Konkurrenz und Wettbewerb ist eine gewaltlose Rachemethode.[24] Diese Eigenschaften sind zum Beispiel bei Firmenchefs und Führungskräften förderlich, die sich am Markt gegen die Konkurrenz behaupten müssen.

Ihr Bedürfnis nach Rache/Kampf ist sehr hoch, wenn sie einer der folgenden Aussagen generell zustimmen:

1. Sie können Ihre Wut nur sehr schwer kontrollieren.
2. Sie sind aggressiv.
3. Sie lieben Wettbewerbssituationen.
4. Sie verbringen einen Großteil Ihrer Zeit damit, auf Rache zu sinnen.

Ihr Bedürfnis nach Rache/Kampf ist gering, wenn Sie einer der folgenden Aussagen generell zustimmen:

1. Im Vergleich zu anderen Menschen dauert es lange, bis Sie wütend werden.
2. Auf Beleidigungen reagieren Sie oft gar nicht.
3. Sie mögen keine Konkurrenzsituationen.

Ihr Bedürfnis nach Rache/Kampf ist durchschnittlich, wenn Sie es weder als sehr groß noch als gering eingestuft haben oder wenn Sie Aussagen zustimmen, die sowohl auf ein sehr ausgeprägtes als auch auf ein geringes Bedürfnis nach Rache/Kampf hinweisen.

Notieren Sie, was Sie empfinden und was Ihnen einfällt, wenn Sie das Bedürfnis nach Rache/Kampf im Zusammenhang mit Ihrer Persönlichkeit betrachten.

Rache/Kampf

In welchen Situationen bzw. bei welchen Themen befriedigen Sie Ihr Bedürfnis nach Rache/Kampf?

Sind Sie damit zufrieden, wie Sie Ihr Bedürfnis nach Rache/Kampf derzeit ausleben?

Eros

Eros als Lebensmotiv gibt Auskunft über die Bedeutung von Sinnlichkeit im Leben eines Menschen. Bei Menschen wird das Bedürfnis nach Sinnlichkeit einerseits von biologischen Faktoren, von Genetik und Hormonen, andererseits auch von psychologischen und kulturellen Faktoren, wie zum Beispiel Schönheitsidealen, beeinflusst. Menschen, die bei einem anderen Menschen Begehren wecken wollen, können große Anstrengungen unternehmen, um attraktiv zu wirken. Sie kleiden sich entsprechend, schminken sich und tragen Schmuck. Auch Werberituale wie Rendezvous, Tanz, Blumen und Geschenke zielen in diese Richtung. Andere Methoden sind Düfte (Parfüm), Kunst, Lyrik (Liebesgedichte) und Musik (der Geliebten ein Ständchen bringen).

Das Bedürfnis nach Sinnlichkeit kann sehr unterschiedlich ausgeprägt sein: Während Casanova kaum an etwas anderes als Sex denken konnte und weder Kosten noch Mühen scheute, sein Ziel zu erreichen (er kletterte über Mauern, trickste Ehemänner aus und durchschwamm Festungsgräben), gibt es auch Menschen, die ein nur gering ausgeprägtes Bedürfnis nach Eros haben.

Ihr Bedürfnis nach Eros ist sehr hoch, wenn sie einer der folgenden Aussagen generell zustimmen:

1. Sie streben im Vergleich mit anderen etwa gleichaltrigen Menschen, die Sie kennen, überdurchschnittlich oft nach sinnlichen Erfahrungen.
2. Sie haben Zeit ihres Lebens viele verschiedene Sexualpartner gehabt.

3. Es fällt Ihnen schwer, Ihre sexuellen Triebe zu zügeln.
4. Im Vergleich zu den meisten Menschen, die Sie kennen, verbringen Sie viel Zeit damit, Ihren Schönheitssinn auszuleben.

Ihr Bedürfnis nach Eros ist gering, wenn Sie einer der folgenden Aussagen generell zustimmen:

1. Sie denken selten an Sex und haben wenig sexuelle Bedürfnisse.
2. Sie finden Sex abstoßend.

Ihr Bedürfnis nach Eros ist durchschnittlich, wenn Sie es weder als sehr groß noch als gering eingestuft haben oder wenn Sie Aussagen zustimmen, die sowohl auf ein sehr ausgeprägtes als auch auf ein geringes Bedürfnis nach Eros hinweisen.

Notieren Sie, was Sie empfinden und was Ihnen einfällt, wenn Sie das Bedürfnis nach Eros im Zusammenhang mit Ihrer Persönlichkeit betrachten.

Eros

In welchen Situationen bzw. bei welchen Themen befriedigen Sie Ihr Bedürfnis nach Eros?

Sind Sie damit zufrieden, wie Sie Ihr Bedürfnis nach Eros derzeit ausleben?

Essen

Das Lebensmotiv Essen fragt nach der Bedeutung, die Essen als Selbstzweck für jemanden hat, das heißt wie viel der Genuss an Essen zu der Lebenszufriedenheit beiträgt. Die genussvolle Aktivität Essen ist eines der wenigen biologischen Bedürfnisse, das auch eine psychologische Bedeutung hat. Beispielsweise gibt es Menschen, die sich mit einem guten Essen für besondere Leistungen belohnen. Zusätzlich zu biologischen Ursachen wird unser Hunger auch von psychologischen Faktoren erheblich beeinflusst. So können eine köstlich duftende und appetitlich zubereitete Mahlzeit oder ein verlockendes Dessert unser Hungergefühl wecken, unabhängig davon, wann wir das letzte Mal etwas gegessen haben. Viele Menschen haben auch dann ein gesteigertes Bedürfnis zu essen, wenn sie gestresst, gelangweilt oder einsam sind (die Tüte Chips bei einem einsamen Fernsehabend).

Bei der Betrachtung der Essgewohnheiten normal- und übergewichtiger Menschen ergeben sich einige interessante Unterschiede. Übergewichtige Menschen essen schneller und nehmen größere Bissen zu sich als normalgewichtige Menschen. Auch denken dicke Menschen zum Beispiel öfter und intensiver über Essen nach als normalgewichtige Menschen. Viele Menschen, denen es schwerfällt, ihr Gewicht zu kontrollieren, kämpfen ihr Leben lang mit Gewichtsproblemen.

Ihr Bedürfnis nach Essen ist sehr hoch, wenn sie einer der folgenden Aussagen generell zustimmen:

1. Verglichen mit etwa gleichaltrigen Menschen, die Sie kennen, verbringen Sie ungewöhnlich viel Zeit mit Essen.
2. Verglichen mit anderen etwa gleichaltrigen Menschen, die Sie kennen, verbringen Sie ungewöhnlich viel Zeit mit Diäten.

Ihr Bedürfnis nach Essen ist gering, wenn Sie einer der folgenden Aussagen generell zustimmen:

1. Sie haben noch nie Gewichtsprobleme gehabt.
2. Sie essen selten mehr als notwendig.

Ihr Bedürfnis nach Essen ist durchschnittlich, wenn Sie es weder als sehr groß noch als gering eingestuft haben oder wenn Sie Aussagen zustimmen, die sowohl auf ein sehr ausgeprägtes als auch auf ein geringes Bedürfnis nach Essen hinweisen.

Notieren Sie, was Sie empfinden und was Ihnen einfällt, wenn Sie das Bedürfnis nach Essen im Zusammenhang mit Ihrer Persönlichkeit betrachten.

Essen

In welchen Situationen bzw. bei welchen Themen befriedigen Sie Ihr Bedürfnis nach Essen?

Sind Sie damit zufrieden, wie Sie Ihr Bedürfnis nach Essen derzeit ausleben?

Körperliche Aktivität

Der menschliche Körper ist für Bewegung geschaffen und viele Menschen treiben gerne Sport, lieben anstrengende Hausarbeit oder schwere körperliche Arbeit. Das Bedürfnis nach körperlicher Bewegung ist nicht dasselbe wie sportliche Fähigkeiten. Viele Menschen üben bestimmte Sportarten aus, ohne besonders gut darin zu sein, nur, weil sie sich eben gerne bewegen. Ob wir eine intrinsische Freude an körperlicher Betätigung empfinden oder eher nicht, hängt weniger vom Grad unserer Fähigkeiten ab als vielmehr davon, ob wir körperliche Anstrengungen aus sich selbst heraus genießen. Dabei ist das Bedürfnis nach körperlicher Aktivität individuell sehr verschieden. Einerseits gibt es regelrecht sportbegeisterte Menschen, andererseits sind andere Menschen sehr darauf bedacht, jede körperliche Aktivität zu vermeiden. So planen Menschen, die sich nicht gerne bewegen, häufig zwischen Phasen der Aktivität längere Ruhephasen ein.

Ihr Bedürfnis nach körperlicher Aktivität ist sehr hoch, wenn sie einer der folgenden Aussagen generell zustimmen:

1. Sie haben ihr ganzes Leben lang Sport getrieben.
2. Sport spielt in ihrem Leben eine wichtige Rolle.

Ihr Bedürfnis nach körperlicher Aktivität ist gering, wenn Sie einer der folgenden Aussagen generell zustimmen:

1. Sie sind schon immer bewegungsfaul gewesen.
2. Sie haben einen gemächlichen Lebensstil.

Ihr Bedürfnis nach körperlicher Aktivität ist durchschnittlich, wenn Sie es weder als sehr groß noch als gering eingestuft haben oder wenn Sie Aussagen zustimmen, die sowohl auf ein sehr ausgeprägtes als auch auf ein geringes Bedürfnis nach körperlicher Aktivität hinweisen.

Notieren Sie, was Sie empfinden und was Ihnen einfällt, wenn Sie das Bedürfnis nach körperlicher Aktivität im Zusammenhang mit Ihrer Persönlichkeit betrachten.

Körperliche Aktivität

In welchen Situationen bzw. bei welchen Themen befriedigen Sie Ihr Bedürfnis nach körperlicher Aktivität?

Sind Sie damit zufrieden, wie Sie Ihr Bedürfnis nach körperlicher Aktivität derzeit ausleben?

Emotionale Ruhe

Das Lebensmotiv Emotionale Ruhe kann auch mit emotionaler Stabilität umschrieben werden und fragt nach der Bedeutung stabiler emotionaler Verhältnisse für die Lebenszufriedenheit. Es ist ein psychologischer Zustand, der als Abwesenheit von Aufregung und Aufruhr beziehungsweise als Abwesenheit von Beklemmung, Stress und Angst definiert werden kann. Wie stark das Bedürfnis eines Menschen nach Emotionaler Ruhe ausgeprägt ist, hängt davon ab, wie groß seine Motivation ist, ein stressfreies Leben zu führen. Einerseits gibt es Menschen, die relativ gut mit Stress klar kommen, auch wenn Sie ihn nicht sehr schätzen. Andere Menschen mögen Stress überhaupt nicht. Diese Menschen haben ein großes Bedürfnis an Emotionaler Ruhe und einem möglichst stressfreien Leben.

Sie gestalten ihr Leben so, dass der Stresspegel möglichst reduziert wird und haben dafür zum Beispiel ihren Beruf gewechselt oder eine Beförderung ausgeschlagen, weil sie den mit der neuen Position verbundenen Stress nicht wollten. Menschen mit einem eher geringen Bedürfnis nach Emotionaler Ruhe können dagegen einen erheblichen Stresspegel aushalten. Ein gutes Beispiel sind Menschen in Managementpositionen, die stets einen vollen Terminkalender haben oder Menschen, die immer auf der Suche nach einem „Kick" sind und beispielsweise Fallschirmspringen betreiben oder aus Spaß an einem Autorennen teilnehmen.

Ihr Bedürfnis nach Emotionaler Ruhe ist sehr hoch, wenn sie einer der folgenden Aussagen generell zustimmen:

1. Sie stimmen mindestens zwei der folgenden vier Aussagen ausdrücklich zu:
   a) Ich bekomme Angst, wenn ich mich „zittrig" fühle.
   b) Ich bekomme Angst, wenn sich mein Herzschlag beschleunigt.
   c) Wenn ich merke, dass mein Herzschlag schneller wird, habe ich Angst, dass ich eine Herzattacke bekomme.
   d) Es ist mir peinlich, wenn mein Magen knurrt.
2. Sie leiden seit Längerem unter wiederholten Panikattacken oder haben früher unter Panikattacken gelitten.
3. Sie sind im Allgemeinen ängstlich und scheu.

Ihr Bedürfnis nach innerer Ruhe ist gering, wenn Sie einer der folgenden Aussagen generell zustimmen:

1. Sie sind ein mutiger Mensch.
2. Sie haben erheblich weniger Ängste als gleichaltrige Menschen.

Ihr Bedürfnis nach Emotionaler Ruhe ist durchschnittlich, wenn Sie es weder als sehr groß noch als gering eingestuft haben oder wenn Sie Aussagen zustimmen, die sowohl auf ein sehr ausgeprägtes als auch auf ein geringes Bedürfnis nach Emotionaler Ruhe hinweisen.

Notieren Sie, was Sie empfinden und was Ihnen einfällt, wenn Sie das Bedürfnis nach Emotionaler Ruhe im Zusammenhang mit Ihrer Persönlichkeit betrachten.

Emotionale Ruhe

In welchen Situationen bzw. bei welchen Themen befriedigen Sie Ihr Bedürfnis nach Emotionaler Ruhe?

Sind Sie damit zufrieden, wie Sie Ihr Bedürfnis nach Emotionaler Ruhe derzeit ausleben?

Nun kommen wir zur Auswertung der 16 Lebensmotive.[25] Bitte tragen Sie in die folgende Tabelle die Ausprägungen Ihrer Lebensmotive ein und bilden Sie eine Rangfolge. Dabei werden Sie aller Voraussicht nach feststellen, dass die Zahl der Bedürfnisse, die für Sie wirklich wichtig sind, irgendwo zwischen drei und zehn liegt.[26] Sie sollten nicht erwarten, dass jedes Bedürfnis für Sie gleich wichtig ist. Viele Menschen werden nur von einigen wenigen der 16 Lebensmotive intrinsisch motiviert. Bei den Ausprägungen stehen drei verschiedene Werte zur Verfügung:

Sehr wichtig	=	SW
Einigermaßen wichtig	=	EW
Unwichtig	=	UW

Lebensmotiv / Bedürfnis	Ausprägung	Rang
Macht		
Unabhängigkeit		
Neugier		
Anerkennung		
Ordnung		
Sparen/Sammeln		
Ehre		
Idealismus		
Beziehungen		
Familie		

Lebensmotiv / Bedürfnis	Ausprägung	Rang
Status		
Rache/Kampf		
Eros		
Essen		
Körperliche Aktivität		
Emotionale Ruhe		

Nun haben Sie alle wichtigen Lebensmotive für sich selbst überprüft und können die Ergebnisse im Folgenden zusammenfassen. Bitte nehmen Sie sich ausreichend Zeit und beantworten Sie die beiden folgenden Fragen. Insbesondere der Zufriedenheitsgrad bei den Lebensmotiven, die bei Ihnen die Ausprägung *sehr wichtig* erhalten haben, ist entscheidend dafür verantwortlich, ob Sie mit Ihrem Leben weitestgehend glücklich und zufrieden sind oder eher nicht.

Welche Lebensmotive motivieren Sie?
Welche Bedürfnisse sind für Sie besonders wichtig?
Welche Bedürfnisse sollen zukünftig in Ihrem Leben mehr Gewicht erhalten?

Im Folgenden betrachten Sie Ihr Persönlichkeitsprofil, um weitere Anregungen dahingehend zu finden, was Sie intrinsisch motiviert.

4.4. Ihr Persönlichkeitsprofil

Ein Persönlichkeitsprofil ist ein Instrument, um sich selbst und andere besser zu verstehen. Sie entwickeln mehr Verständnis für Ihren eigenen Stil und erkennen, unter welchen Voraussetzungen und in welcher Umgebung Sie beruflich und privat die besten Ergebnisse erzielen. Ein Kennzeichen erfolgreicher Menschen ist, dass Sie Ihre Stärken kennen und ganz sie selbst sind. Sie ahmen keine fremden Vorbilder nach, deren Stärken vielleicht ganz woanders liegen, sondern ihr Verhalten entspricht den Grundzügen ihrer Persönlichkeit. Dort also, wo Ihre Stärken liegen, sollten Sie sich engagieren und nach neuen Herausforderungen suchen. Wenn Sie dagegen primär versuchen, Ihre Schwächen zu perfektionieren, erreichen Sie allenfalls Mittelmaß. Je besser Sie sich mit Ihren Stärken und Schwächen kennen, desto besser können Sie sich selbst zur optimalen Entfaltung bringen.

Um Ihr Persönlichkeitsprofil zu entdecken, empfehle ich Ihnen das DISG-Persönlichkeitsprofil.[27] DISG steht dabei für

D	=	Dominant
I	=	Initiativ
S	=	Stetig
G	=	Gewissenhaft

Das dem DISG-Persönlichkeitsprofil zugrunde liegende Typologie beruht auf einer Arbeit des amerikanischen Psychologen William Moulton Marston aus dem Jahr 1928. Der Verhaltenspsychologe John G. Geier entwickelte aus den Überlegungen Marstons in den 60er Jahren diesen selbstbeschreibenden Persönlichkeitstest, der von verschiedenen Organisationen stetig weiterentwickelt und bis heute in über 50 Ländern weltweit etwa 25 Millionen Mal eingesetzt wurde. Dabei werden verschiedene DISG-Typen unterschieden, wie zum Beispiel der Forscher, der Motivator oder der Vermittler. Man kann ihn sehr gut selbst durchführen und auswerten und er liefert einen hervorragenden Einblick in die Stärken Ihrer Persönlichkeit sowie die Umgebungsfaktoren, die Sie optimal motivieren.

Das DISG-Persönlichkeitsprofil ermöglicht Ihnen

1. persönliche Stärken und Tendenzen zu erkennen
2. Ihren Arbeitsstil zu analysieren
3. diejenige Umgebung zu schaffen, die Sie am meisten motiviert
4. potenzielle Konfliktbereiche mit anderen Menschen zu erkennen und auf ein Mindestmaß zu reduzieren
5. Ihre Wahrnehmung für unterschiedliche Arbeitsstile zu sensibilisieren
6. Sie bei der Entdeckung Ihrer Berufung zu unterstützen.

Stärken der grundlegenden Persönlichkeitstypen nach dem DISG-Persönlichkeitsprofil

	Dominant		Initiativ
O	Durchsetzungsfähig	O	Kontaktfreudig
O	Liebt Herausforderungen	O	Freiheit von Detailarbeit und Kontrolle
O	Stößt Dinge an	O	Spontan und mitreißend
O	Löst Probleme	O	Braucht Anerkennung seiner Fähigkeiten
O	Konfliktbereit	O	Mag Gelegenheit zur Einflussnahme
O	Mag neue und abwechslungsreiche Aufgaben	O	Motiviert andere
O	Liebt die direkte Kommunikation	O	Guter Kommunikator
O	Ergebnisorientiert	O	Steht beratend zur Seite
O	Trifft schnelle Entscheidungen	O	Mag es, beliebt zu sein
O	Schätzt Unabhängigkeit	O	Genießt das Leben

Stetig	Gewissenhaft
O Strukturiert	O Freude an Detailarbeit
O Schafft ein stabiles Umfeld	O Folgt Anweisungen und Normen
O Loyal	O Akzeptiert bereitwillig Autoritäten
O Guter Teamworker	O Diplomatisch im Umgang mit Kollegen
O Übernimmt Verantwortung	O Analytischer Entscheider, der erst alle Daten sammelt und bewertet
O Pragmatisch	O Bevorzugt geregelte Bedingungen
O Sorgt für Harmonie	O Reflektiert kritisch
O Anerkennung für geleistete Arbeit	O Große Genauigkeit bei der Arbeit
O Überschaubares Aufgabengebiet	O Vorsichtig
O Vorbereitung bei Veränderungen	O Logischer Denker

Fragen Sie sich nun, welche Persönlichkeitsmerkmale Sie am deutlichsten bei sich selbst erkennen. Wählen Sie bitte die zehn Stärken aus, die Ihnen am meisten Energie geben, wenn Sie diese einsetzen und bilden Sie eine Reihenfolge. Lassen Sie bitte von jemand anderem eine Fremdeinschätzung vornehmen und machen Sie sich über mögliche Abweichungen Gedanken.

Priorität	Persönlichkeitsmerkmale (Stärken)
1.	
2.	
3.	
4.	
5.	
6.	
7.	
8.	
9.	
10.	

4.5. Ihre motivierenden Umgebungsfaktoren

Zusätzlich zur allgemeinen Beschreibung Ihrer Person und Ihrer Verhaltensstile erfahren Sie mit Hilfe des DISG-Persönlichkeitsprofils eine Beschreibung des Umfelds, in dem Sie sich am besten entfalten können. Es handelt sich um Ihre motivierenden Umgebungsfaktoren.

Motivierende Umgebungsfaktoren im Modell des DISG-Persönlichkeitsprofils

Dominant	Initiativ
O Herausforderungen und Ansehen	O Mitbestimmung und Gleichberechtigung im Managementteam
O Gelegenheit zu persönlichen Leistungen und Erfolgen	O Befreiung von Detailarbeit und Kontrolle
O Schwierige und abwechslungsreiche Aufgaben	O Öffentliche Anerkennung
O Wenig Kontrolle und Aufsicht	O Flexible Bedingungen
O Direkte Antworten, wenig Diskussionen	O Angenehmes Arbeitsklima
O Eine starke, einflussreiche Position	O Zeit, das Leben zu genießen
O Klare Abgrenzung des Kompetenzbereichs	O Freie Meinungsäußerung
O Möglichkeit zum Aufstieg	O Schulung und Beratung anderer
Stetig	**Gewissenhaft**
O Geordnete und bewährte Abläufe	O Genaue Arbeitsanweisungen und Zielsetzungen
O Festes, abgegrenztes Aufgabengebiet	O Wertschätzung von Detail- und Präzisionsarbeit
O Sicherheit und Stabilität	O Bestätigung und Sicherheitsgarantien
O Anerkennung für geleistete Arbeit	O Beibehaltung bewährter Verfahren
O Echte Wertschätzung	O Gelegenheit zu sachlicher Kritik

Stetig	Gewissenhaft
○ Begründung für Veränderungen	○ Ausreichende Vorbereitung auf Veränderungen
○ Strukturierte Arbeitsweise	○ Sorgfältige Planung der Aufgaben
○ Harmonisches Umfeld	○ Ausreichend Zeit für die Aufgabenerledigung

Wählen Sie bitte die zehn Faktoren aus, die Sie am ehesten motivieren und bilden Sie auch hier eine Rangfolge. Tragen Sie diese bitte in die unten stehende Tabelle ein. Lassen Sie auch hier wieder eine Fremdeinschätzung vornehmen und analysieren Sie mögliche Abweichungen.

Priorität	Umgebungsfaktoren, die mich motivieren
1.	
2.	
3.	
4.	
5.	
6.	
7.	
8.	
9.	
10.	

4.6. Wann sind Sie ideal intrinsisch motiviert?

Intrinsisch motiviert sind Sie vor allem dann, wenn Sie in Ihrem Beruf möglichst viele Ihrer Fähigkeiten und Persönlichkeitsstärken entsprechend Ihrem Persönlichkeitsprofil einsetzen können, Ihre Werte bei der Ausübung Ihres Berufes leben können, Ihre Lebensmotive befriedigen können und Sie zumindest auf einige der Sie motivierenden Umgebungsfaktoren treffen.

Je mehr sich die fünf Kreise Ihrer Motivationsfaktoren mit Ihrem ausgeübten Beruf überschneiden, desto mehr werden Sie von innen heraus motiviert und desto mehr Energie gibt Ihnen Ihr ausgeübter Beruf. Folgende Abbildung veranschaulicht diesen Zusammenhang: [28]

Einflußfaktoren der intrinsischen Motivation

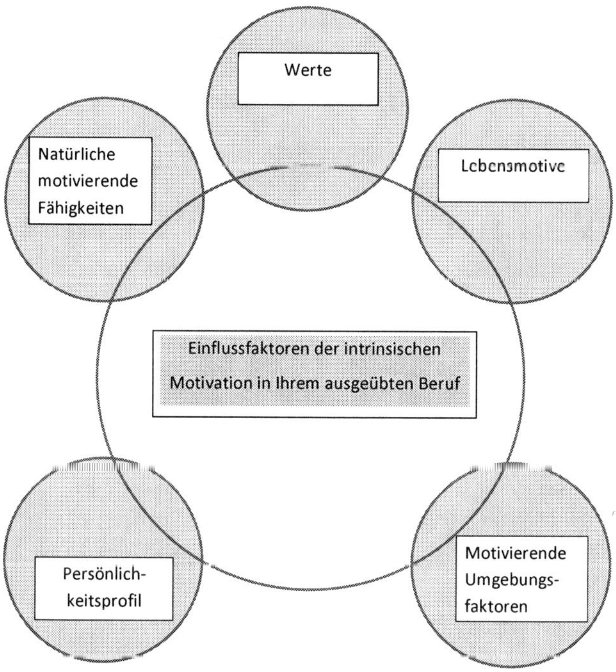

Gemäß dem Pareto-Prinzip erzielen sie mit 20 Prozent Ihrer eingesetzten (Arbeits-)Zeit 80 Prozent Ihrer (Arbeits-)Ergebnisse. Dies ist offenbar so, weil Sie dann erstens Ihre natürlichen motivierenden Fähigkeiten einsetzen, Sie zweitens Ihre Werte bei der Arbeit leben können und drittens auch Ihre übrigen Lebensmotive, wie z. B. Neugier, Status und Ansehen, befriedigen können. Zusätzlich können Sie Ihre Persönlichkeitsstärken ausleben und werden noch durch Ihre wichtigsten motivierenden Umgebungsfaktoren unterstützt. Demnach sollten Sie sich einen Beruf suchen, bei dem sich eine möglichst hohe Überschneidung dieser Einflussfaktoren mit den Inhalten Ihrer Arbeit ergibt.

Übrigens gibt kaum es einen Beruf, bei dem wir zu 100 Prozent intrinsisch motiviert sind, da es bei jeder Arbeit auch Tätigkeiten gibt, die wir nicht so gerne ausüben oder – auch wenn wir z. B. sehr gerne verkaufen – an einen Kunden geraten können, mit dem wir überhaupt nicht klar kommen und der uns zumindest vorübergehend den Spaß an der Arbeit verderben kann.

Im Folgenden werden Sie näher betrachten, wo genau Ihre Interessen liegen.

5. Was für Interessen haben Sie?

Der amerikanische Psychologe John L. Holland entwickelt seit 1977 ein Modell, in dem er die verschiedenen Interessen der Menschen als grundlegende Persönlichkeitsorientierungen ansieht und sie in sechs verschiedene Typen bündelt. Die Berufswahl eines Menschen ist demnach bedingt durch diese grundlegenden Persönlichkeitsorientierungen. Person und Beruf passen dann am besten zueinander, wenn die individuelle Orientierung der Person mit den jeweiligen Charakteristika des Berufes eine möglichst hohe Übereinstimmung besitzt. Bei einer hohen Übereinstimmung ergeben sich ein größerer beruflicher Erfolg, eine höhere Arbeitszufriedenheit und eine größere Stabilität der Karriereentwicklung.[29]

Holland unterscheidet in seinem RIASEC-Modell folgende sechs Typen, wobei jeder Buchstabe einem Menschen-Typus und dem dazugehörenden Umfeld entspricht:

R(ealistic) = Menschen, die Natur, Sport, Maschinen oder Werkzeuge mögen. Sie weisen eine realistische Orientierung auf und mögen Aktivitäten, bei denen es um eine „eindeutige, geordnete oder systematische Einwirkung auf Gegenstände, Werkzeuge, Maschinen oder Tiere geht". Bei der Berufswahl tendieren Sie zu technischen, handwerklichen oder zu land- und forstwirtschaftlichen Berufen, wie zum Beispiel Elektroingenieur, Handwerker oder Landwirt.

I(nvestigative) = Menschen, die gern Dinge analysieren, untersuchen und sehr wissbegierig sind. Sie mögen Aktivitäten, bei denen es um „die Beobachtung und die symbolische, systematische kreative Analyse physikalischer, biologischer oder kultureller Phänomene geht". Sie haben ein starkes Bedürfnis, Zusammenhänge zu verstehen und besitzen eher unkonventionelle Einstellungen und Wertvorstellungen. Menschen mit dieser Orientierung sind häufig in mathematischen, technischen oder naturwissenschaftlichen Berufen, aber auch in der Medizin, anzutreffen.

A(rtistic) = Menschen, die künstlerisch veranlagt und innovativ, kreativ und fantasievoll sind. Hier geht es überwiegend um Menschen, die Aktivitäten bevorzugen, bei denen es um „mehrdeutige, freie, unsystematische Aktivitäten und Fähigkeiten geht, mit denen Formen oder Produkte künstlerischer Art erschaffen werden". Weniger mögen sie systematische, klar abgegrenzte und geordnete Tätigkeiten. Wichtig sind ihnen vor allem ästhetische Werte. Sie finden sich häufig in künstlerischen oder mit dem Kunst- und Kulturleben befassten Berufen (auch freie Berufe aus den Bereichen bildende Kunst, Schauspiel, Musik und Sprache).

S(ocial) = Menschen, die gerne anderen Menschen helfen, Dienstleistungen für sie erbringen oder sie unterrichten. Hiermit sind Menschen gemeint, die Aktivitäten schätzen, in denen es um die „Einwirkung auf Menschen durch Information, Ausbildung, Entwicklung, Therapie oder spirituelle Betreuung geht". Menschen dieses Typs fühlen sich für andere verantwortlich und sind darüber hinaus durch ein starkes Bedürfnis nach Beachtung und sozialer Interaktion gekennzeichnet. Sie verfügen meist über gute verbale und soziale Fähigkeiten. Typische Berufe sind Sozialarbeiter, Berufsberater, klinischer Psychologe, Pädagoge oder die Ausübung gemeinnütziger Arbeiten.

E(nterprising) = Menschen, die gerne Organisationen aufbauen, Projekte leiten, andere Menschen beeinflussen oder überzeugen. Hier sind überwiegend Menschen anzutreffen, denen es um die „Einwirkung auf andere Menschen geht, um organisatorische oder eigene Ziele zu erreichen". Kennzeichnend sind ausgeprägte verbale Fähigkeiten, Freude an Konkurrenzsituationen und kommunikative Kompetenz. Von diesen Menschen angestrebte Berufe sind oft Manager, Freiberufler oder Unternehmer. Auch im Vertrieb finden diese Menschen ihr Betätigungsfeld.

C(onventional) = Menschen, die gerne Detailarbeiten erledigen und gern Aufgaben und Projekte bearbeiten und durchführen. Hier finden sich häufig Menschen, denen es um die „eindeutige, geordnete, systematische Einwirkung auf Daten geht, wie Protokolle, Ablage, Reproduktion von Stoff, die Anordnung von schriftlichem oder Zahlenmaterial nach einem vorgegebenem Plan, die Bedienung von Büromaschinen und Computern". Konventionell bezieht sich dabei auf die Werte, die Menschen in einer solchen Umgebung normalerweise teilen und die damit die Mehrheit in unserer westlichen Kultur repräsentieren. Kennzeichnend ist die Bevorzugung von weitgehend strukturierten Aufgaben und aufgrund einer oft konformistischen Einstellung häufig Untergebenenrollen. Weniger gut liegen ihnen unstrukturierte, offene Tätigkeiten. Ein maßgeblicher Wert dieser Menschen ist Ordnung. Sie präferieren Büroarbeit (z. B. die Erfassung und Verwaltung von Daten), juristische Berufe oder den Servicebereich.

Im Folgenden können Sie eine Selbsteinschätzung hinsichtlich Ihres Interessenprofils vornehmen:

Art der Interessen	+3	+2	+1	0	-1	-2	-3
Realistische Orientierung							
Forschende, intellektuelle Orientierung							
Künstlerische Orientierung							
Soziale Orientierung							
Unternehmerische Orientierung							
Konventionelle Orientierung							

Bilden Sie nun bitte eine Rangfolge Ihrer Interessen und tragen Sie diese in die folgende Tabelle ein:

1.	
2.	
3.	
4.	
5.	
6.	

Nachdem Sie jetzt Ihre Interessen und dazu passende Berufe herausgearbeitet haben, befassen Sie sich in der nächsten Übung mit Ihren Begabungen und Talenten.

6. Entdecken Sie Ihre Begabungen!

Eine Begabung oder ein Talent ist die Voraussetzung einer Person für besondere Leistungen. Meist sind das eine oder mehrere überdurchschnittlich ausgeprägte Fähigkeiten, die weniger antrainiert als vererbt sind. Die Begabungen eines Menschen stehen diesem dauerhaft zur Verfügung und sind in ihrer Kombination meist einzigartig.

Zusammen mit Wissen und Können bilden die Begabungen unsere Stärken. Dabei ist eine Stärke eine beständige, beinahe perfekte Leistung in einer Tätigkeit, bei der wir eine gewisse innere Befriedigung verspüren. Um eine Stärke zu entwickeln, müssen wir unsere Begabung mit Wissen und Können vervollkommnen. Während die Begabungen in erster Linie angeboren sind, können Wissen und Können durch Lernen und Üben erweitert und ausgebaut werden. Wissen umfasst dabei sowohl Faktenwissen als auch Erfahrungswissen. Können bezieht sich auf die Entwicklung von Fertigkeiten, also Fähigkeiten, die eher antrainiert bzw. erlernt sind. Dabei beinhaltet Können die Zerlegung des gesammelten Wissens in eine Folge von Arbeitsschritten, bei deren Befolgung sich eine Leistung ergibt.[30]

Begabungen und Talente können sich auf allen Gebieten nur durch intensives Training entfalten. Um es zur Meisterschaft auf einem Gebiet zu bringen, egal ob es sich um Kunst, Sport, Handwerk oder Wissenschaft handelt, ist eine längere Zeit täglicher Übung, Training und Beschäftigung mit bzw. auf einem Gebiet erforderlich. Experten gehen von circa 10.000 Stunden bzw. einem Zeitraum von etwa zehn Jahren aus, bis man es zur Meisterschaft auf einem Gebiet gebracht hat. Immerhin hätte man sich dann an jedem Arbeitstag über vier Stunden mit seinem Spezialgebiet beschäftigt. Beispielsweise hat Edison von der ersten Skizze bis zur funktionierenden Glühlampe über 9.000 Versuche unternommen und von ihm stammt der Ausspruch, dass Genialität zu einem Prozent Inspiration und zu 99 Prozent Transpiration sei. Mozart, der bereits mit vier Jahren erste Melodien komponierte, hat sein erstes Meisterwerk (das Klavierkonzert Nr. 9) erst nach einer 17-jährigen Übungs- und Lehrzeit im Komponieren mit 21 Jahren abgeliefert.

Der Schlüssel zum Aufbau einer echten Stärke besteht darin, Ihre Begabungen und Talente zu erkennen und sie dann mit Wissen und Können weiterzuentwickeln. Aber wie kann man seine Begabungen erkennen?

Es gibt drei Merkmale, die Ihnen einen Hinweis auf Ihre Begabungen liefern. Dabei handelt es sich erstens um Ihre Sehnsucht nach einer bestimmten Aufgabe bzw. Tätigkeit. Beispielsweise muss ein Schriftsteller schreiben. Er wird eine mehr oder weniger starke Sehnsucht nach dem Schreiben haben. Zweitens ist es ein Hinweis auf ein Talent, wenn Sie etwas Bestimmtes sehr schnell lernen. Manchmal meldet sich eine Begabung nicht durch Sehnsucht. Stattdessen macht sich das Talent später in Ihrem Leben dadurch bemerkbar, dass Sie eine neue Tätigkeit sehr schnell erlernen, auf die Sie im Zusammenhang mit einer neuen Aufgabe, einer neuen Herausforderung oder einem neuen Umfeld gestoßen sind. Und drittens stellt Befriedigung bzw. ein gutes Gefühl den letzten Hinweis auf eine Begabung dar. Diese haben nicht nur die Eigenschaft der Unveränderbarkeit, sondern auch die Eigenschaft, dass Sie sich ausgesprochen gut fühlen, wenn Sie die entsprechende Tätigkeit ausüben. Wenn ich beispielsweise an diesem Buch arbeite, befinde ich mich oft im Flow und habe ein entsprechend gutes Gefühl dabei.

Ein Talent für sich allein ist zunächst weder gut noch schlecht. Es ist einfach nur ein nachhaltiges Muster, das zu einer Stärke entwickelt oder aber vernachlässigt – und damit vergeudet – werden kann.

Der indische Arzt Deepak Chopra vertritt die Meinung, dass jeder Mensch eine einzigartige Begabung besitzt. Wenn wir diese leben, gibt es dafür auch eine einmalige Nachfrage. Unsere einzigartige Begabung, unser Talent, muss jedoch erst einmal erschlossen werden.[31] Auch Naturvölker, wie die Aborigines, sind davon überzeugt, dass jeder Mensch mindestens eine besondere Begabung hat. Die meisten Menschen haben sogar mehr als nur ein Talent.[32]

Wenn dem so ist, könnte man annehmen, dass jeder Mensch seine Begabungen kennt. Das ist aber oft nicht so. Bei einigen ist diese Gabe bereits früh weit entwickelt, während andere hart darum kämpfen müssen, um sie zu entdecken bzw. zu entwickeln. Begabungen sind Veranlagungen und müssen entdeckt und entsprechend gefördert werden. Leider werden Sie häufig entweder übersehen oder sogar verächtlich abgetan.

So kann es beispielsweise passieren, dass ein Vater, der die klassische Männerrolle verinnerlicht hat, seinem zarten und sensiblen Sohn, der gerne tanzt und sich fürs Ballett interessiert, diese „Flausen" austreibt und ihn stattdessen beim Fußballverein anmeldet, weil dies der klassischen Männerrolle viel mehr entspricht. Wenn wir jedoch weder von unseren Eltern noch im Kindergarten oder der Schule entsprechend gefördert werden – was leicht passieren kann – bleiben unsere Begabungen vor uns verborgen und wir verspüren im Erwachsenenalter nur einen gelegentlichen inneren Drang, der uns an ihr Vorhandensein erinnert und dem zu folgen wir aber häufig nicht für angemessen halten. Diese Tatsache ist sowohl aus individueller Sicht unerfreulich als auch aus gesellschaftlicher Perspektive, da der Gesellschaft insgesamt dadurch Verluste entstehen, dass Individuen ihre besonderen Fähigkeiten in Form von Begabungen nicht einbringen können, weil sie sich dieser nicht bewusst sind. Somit können diese mit ihrer Gabe der Welt nicht dienen.

Ich selbst habe unter anderem das Talent schreiben zu können. Aber als Kind oder Jugendlicher war ich mir darüber überhaupt nicht bewusst. Im Studium habe ich zunächst mit viel Freude Hausarbeiten, Referate und eine sehr gute Diplomarbeit geschrieben. Später folgte dann eine sehr gute Doktorarbeit. Ein positives Feedback habe ich in diesem Zusammenhang zum ersten Mal in meinem Leben im ersten Semester an der Universität von meiner älteren Schwester bekommen, die Germanistik studierte, und mir nach der Lektüre meines ersten Referates sagte, dass ich gut formulieren könne. Erst mit etwa 42 Jahren habe ich begonnen, Prosa zu schreiben. Ich verspürte immer stärker den Drang in mir, schreiben und mich mitteilen zu wollen. Es war mir zunächst nicht wichtig, unbedingt schnell etwas zu veröffentlichen, sondern erst einmal einfach nur zu schreiben. Dabei fühle ich mich jedes Mal rundherum zufrieden und glücklich und vergesse regelmäßig alles andere – wie zum Beispiel die Zeit – um mich herum. Aber weder meinen Eltern noch meinen Lehrern in der Schule war aufgefallen, dass ich über dieses Talent verfüge, so dass es auch nicht gefördert wurde.

Die gute Nachricht, die ich für Sie habe, ist, dass Ihre Begabungen nur schlummern und jederzeit zum Leben erweckt werden können. Sie stehen bereit, sich zu entfalten, wenn Sie ihnen die Gelegenheit dazu geben. Somit können Sie auch im Erwachsenenalter noch ein Musikinstrument erlernen, zu malen beginnen wie Vincent van Gogh, der damit erst anfing, als er bereits 27 Jahre alt war, oder eine berühmte Köchin werden, wie die Koreanerin Sohyi Kim, die ohne Ausbildung und Deutschkenntnisse nach Wien kam und erst nach einem Rückschlag ihr kulinarisches Talent autodidaktisch entfaltete und es bis zur Meisterschaft entwickelte. In kürzester Zeit wurde ihr kleines Lokal zum lukullischen Treffpunkt der feinen Wiener Gesellschaft und die Wartezeiten auf einen Tisch wurden immer länger. Mittlerweile ist Sohyi Kim die prominenteste Köchin Wiens und Dauergast in den Kochshows des deutschen Fernsehens. Auch ihre Kochbücher finden reißenden Absatz. Wer sagt, dass Sie nicht zu ähnlichen Leistungen auf Ihrem Gebiet fähig sind wie Sohyi Kim als Köchin?

Im Folgenden möchte ich Ihnen eine Vorgehensweise meiner amerikanischen Kollegin Barbara Sher vorstellen, mit der Sie ihre bisher vielleicht noch verborgenen Begabungen und Talente entdecken können.[33] Dabei hat etwas „gerne zu tun" eindeutig Vorrang vor etwas nur „gut zu können". Oft ist etwas „gut zu können" nur eine mehr oder weniger mühsam erlernte nützliche Fertigkeit, wie zum Beispiel gut tippen zu können, die wir aber gar nicht wirklich gerne ausüben, weil es sich eben nicht um ein Talent handelt.

Übung: Was ich besonders gern mach(t)e

Machen Sie das, wofür Sie begabt sind. Aber wie erkennt man, wofür man begabt ist? Betrachten Sie rückblickend Ihr Leben im Hinblick darauf, was Sie bisher gern und mit Freude getan haben. Alles, was Sie richtig gern getan haben und auch heute noch tun, ist ein Hinweis auf eine Begabung. Deshalb sollen Sie sich jetzt auf die Suche nach dem machen, was Sie besonders gerne mach(t)en. In Ihrer Kindheit, Jugend und heute, als Erwachsener. Falls Sie sich nicht mehr richtig erinnern können, was Sie als Kind gerne taten, fragen Sie Ihre Eltern oder nahe Verwandte. Es geht dabei um zwei zentrale Fragen: „Was mach(t)en Sie gerne ?" und „Warum mach(t)en Sie es gern?" Als Antwort auf die erste Frage, wird mir meist ein Lieblingsthema genannt, mit dem sich meine Klienten besonders gerne befass(t)en. Zum Beispiel gärtnern, alte Möbel aufarbeiten, kochen oder malen. Diese Antworten sind in der Regel wenig überraschend. Weitaus überraschender sind die Antworten auf die zweite Frage, da es keine zwei Menschen gibt, die etwas aus demselben Grund gerne mach(t)en. Hier liegt der Schlüssel zu Ihrer Individualität und Ihren Begabungen.

Ihre Lebensaufgabe steht in engem Zusammenhang mit Ihrer Berufung und Ihren Begabungen. Sie ist auch verbunden mit den Wissensgebieten und Rollen, die Ihnen Ihre Entfaltung ermöglichen. Im Laufe des Lebens gilt es, genau diese Aufgabe zu finden und zu verwirklichen.[34] Und dann haben Sie Ihren Traumjob realisiert.

Wenn ich dies meinen Klienten aufzeige und ihnen klarmache, dass sie offensichtlich ein besonderes Gespür für Mode haben, besonders gut mit Tieren umgehen können oder ein besonderes Interesse für fremde Länder und Kulturen haben, dann sind sie sich zum einen oft nicht darüber bewusst, dass sie dies besonders gut können, weil es ihnen ganz leicht fällt, und zum anderen fragen sie oft: „Schön und gut, aber wie kann man denn damit Geld verdienen oder gar einen Beruf daraus machen?"

Vielleicht werden Sie niemals Modeschöpfer, Tierpfleger oder Reiseleiter, aber Sie werden herausfinden, warum diese Tätigkeiten Sie anziehen und Sie werden uns zu dem führen, was Sie gerne mach(t)en.

Was taten Sie in Ihrem bisherigen Leben besonders gern?

	Kindheit	Jugend	Erwachsenenalter
1.			
2.			
3.			
4.			
5.			

Jedes Mal, wenn Sie eine früher oder heute gern ausgeübte Tätigkeit nennen einschließlich der Gründe, warum diese Lieblingsbeschäftigung Sie fasziniert(e), fügen Sie Ihrem Berufungsmosaik ein weiteres Steinchen hinzu. Und mit der Zeit wird das Bild, das sich dabei ergibt, immer konkreter. Erst verschwommen, wie ein Bild, das im Nebel auftaucht, doch dann gewinnen die Konturen nach und nach immer mehr an Schärfe. Und dann wird eine Gestalt erkennbar, von der Sie bisher nicht wussten, dass es sie gibt. Diese Gestalt stellt Ihre Begabung dar, Ihre ganz spezielle Sensibilität und Ihre einzigartige Sicht der Dinge. Im Folgenden werden Sie diese Begabungen entdecken und genauer herausfinden, was Sie mit Ihrem weiteren Leben anfangen wollen.

1. Schritt: Meine favorisierten Tätigkeiten

Nehmen Sie sich ausreichend Papier und notieren Sie oben auf einer Seite jeweils eine Tätigkeit, die Sie beginnend mit Ihrer Kindheit, dann in Ihrer Jugend oder später im Erwachsenenalter gerne ausübten. Beispiele für die Kindheit wären „Fahrrad fahren", „Etwas vorgelesen bekommen" oder „Räuber und Gendarm spielen". Den Rest der Seite lassen Sie bitte frei. Bei der Aufteilung Ihrer Seiten können Sie sich an folgendem Beispiel orientieren, bei dem jemand in der Kindheit gerne etwas mit Legosteinen gebaut hat und „Etwas mit Legosteinen bauen" seiner favorisierten Tätigkeit entspricht. Bitte notieren Sie mindestens drei, besser fünf Lieblingstätigkeiten, denen Sie in Ihrer Kindheit nachgegangen sind.

Dann denken Sie bitte an Ihre Jugendzeit. Was haben Sie damals gerne getan? „Musik hören", „Mich mit Freunden treffen" oder „Fußball spielen" wären einschlägige favorisierte Tätigkeiten.

Notieren Sie bitte auch hier mindestens drei, besser fünf Lieblingstätigkeiten. Je mehr Sie finden, desto besser.

Und dann kommen Sie zum Erwachsenenalter, beginnend mit dem Alter, als Sie von zu Hause weg und Ihren eigenen Weg hinaus in die Welt gingen. Was mach(t)en Sie am liebsten? „Krimis lesen", „Mit Freunden kochen" oder „In ferne Länder reisen"? Wenn Sie auch hier mindestens drei, besser fünf favorisierte Tätigkeiten gefunden haben und dafür jeweils eine Seite nach dem folgenden Muster angelegt haben, können Sie mit dem 2. Schritt der Übung fortfahren.

1. Schritt: Meine favorisierten Tätigkeiten
Tätigkeit: Etwas mit Legosteinen bauen

2. Schritt: Was mir daran Freude macht(e)

Unterteilen Sie nun jedes Blatt unterhalb der Überschrift in drei Spalten und notieren Sie in der linken Spalte: „Was mir daran Freude macht(e)". Überlegen Sie nun im Hinblick auf Ihre jeweilige Lieblingsbeschäftigung, was Ihnen daran gefiel und warum Sie dieser gerne nachgegangen sind bzw. heute noch nachgehen. Da dieser Teil der Übung nicht ganz einfach ist, lassen Sie sich beim Nachdenken am besten Zeit. Finden Sie Gründe dafür, warum Ihnen die jeweilige Eigenschaft beziehungsweise Tätigkeit Freude macht(e). Einen Hinweis darauf finden Sie bei Ihren natürlichen motivierenden Fähigkeiten in Kapitel 4.1 dieses ersten Schrittes. Dieser Teil der Übung ist sehr wichtig, da Sie hier Ihren Motiven näher auf die Spur kommen. Notieren Sie das, was Sie bei jeder Lieblingsbeschäftigung besonders liebten bzw. was diese bei Ihnen auslöste, jeweils in der linken Spalte der entsprechenden Seite. In dem Beispiel desjenigen, der als Kind gerne mit Legosteinen gebaut hat, hat ihm das Bauen mit den Händen und die kreative Umsetzung seiner Ideen besonders Freude gemacht. Und er war dann jedes Mal sehr stolz auf das Ergebnis.

1. Schritt: Meine favorisierten Tätigkeiten Tätigkeit: Etwas mit Legosteinen bauen		
2. Schritt: **Was mir daran Freude macht(e)** – mit den Händen zu bauen – Ideen verwirklichen – stolz auf das Ergebnis zu sein		

3. Schritt: Meine Themen dabei

Wenn Sie mit Teil 2 bei allen Ihren Lieblingstätigkeiten in der Kindheit, der Jugend und dem Erwachsenenalter fertig sind, werden Sie feststellen, dass sich bestimmte Themen wiederholen, wie zum Beispiel das Thema „Anerkennung aus der Umwelt erhalten". Geben Sie der rechten Spalte auf jeder Seite deshalb die Überschrift „Meine Themen dabei" und tragen Sie Ihre Erkenntnisse darunter ein. Fragen Sie sich, inwieweit Ihre Lebensmotive bzw. Werte (Kapitel 4.2 bzw. 4.3 dieses ersten Schrittes) bei der Ausübung der jeweiligen Tätigkeit befriedigt werden und Ihnen deshalb ein gutes Gefühl bei der Ausübung der jeweiligen Tätigkeit geben.

1. Schritt: Meine favorisierten Tätigkeiten Tätigkeit: Etwas mit Legosteinen bauen	
2. Schritt: Was mir daran Freude macht(e) – mit den Händen zu bauen – Ideen verwirklichen – stolz auf das Ergebnis zu sein	3. Schritt: Meine Themen dabei – Kreativ sein – handwerkliche Tätigkeit – Leidenschaft

Nachdem Sie sich gerade Gedanken darüber gemacht haben, was Sie gerne tun und vielleicht auch einmal ausprobieren möchten, wollen wir uns im Folgenden überlegen, was sich daraus entwickeln könnte.

Nachdem Sie sich bisher Klarheit darüber verschafft haben, was für Sie wichtig ist und was Sie früher gerne taten und heute gerne machen, wenden wir uns nun Ihrer Zukunft zu.

4. Schritt: Was sich daraus entwickeln könnte . . .

Vermutlich haben Sie Schwierigkeiten, sich vorzustellen, dass man aus so banalen Tätigkeiten, wie den Hund streicheln und sich mit diesem zu beschäftigen, mit Legosteinen bauen oder Bücher lesen einen ernst zu nehmenden Beruf machen, geschweige denn sein Leben ausfüllen kann. Doch hier irren Sie, denn die Natur hat Ihnen nicht ohne Grund Ihre Vorlieben mitgegeben. Wenn Sie sich gerne mit Hunden beschäftigen, können Sie als Tierpfleger im Tierheim arbeiten, Hundezüchter werden oder ein Buch über Hunde schreiben. Wenn Sie heute immer noch gerne etwas bauen, können Sie Modellbauer, Tischler oder Architekt werden. Und wenn Sie als Kind gerne Geschichten vorgelesen bekamen und seit Sie lesen gelernt haben, liebend gerne spannende und interessante Bücher lesen, könnten Sie Buchhändler werden, Literaturwissenschaften studieren und Professor werden oder Lektor in einem Verlag. Mit etwas Phantasie findet sich für jede Nische nicht nur ein Beruf. Schließlich gibt es davon über 25.000 verschiedene und fast täglich kommen neue Berufe hinzu.

Vielleicht möchten Sie Ihre Liebe zu Hunden doch nicht zu einem Beruf machen, aber Sie sollten wissen, dass dies zumindest in der Vielzahl der Fälle mit etwas Fantasie durchaus möglich ist.

Ein Problem dabei ist, dass viele von uns sich in ihren Vorstellungen von anderen Menschen leiten lassen, deren Meinungen jedoch selten auf konkreten Erfahrungen, sondern oftmals auf (Vor-)Urteilen beruhen. Wir lassen uns oft zu stark und zu schnell nachhaltig von anderen beeinflussen. Dabei zeigen einschlägige Untersuchungen, dass diejenigen, die Außergewöhnliches erreicht haben, nicht nur genau wussten, was sie wollten, sondern darüber hinaus mit großer Motivation und Ausdauer ihre Ziele auch über lange Zeiträume verfolgt und letztlich erreicht haben. Zwar hätten manche Menschen zum Beispiel gerne einen Doktortitel, doch lassen sie sich durch die Tatsache, dass dafür meist mehrere Jahre harter und ausdauernder Arbeit erforderlich sind, von vornherein abschrecken.

Bei näherer Betrachtung kann man meist feststellen, dass es kaum eine Aktivität gibt, aus der man nicht einen Beruf machen kann. Treten Sie also aus der Reihe derer aus, denen man früh im Leben beigebracht hat, vernünftig zu sein und verabschieden Sie sich von der Vorstellung, dass Sie mit Ihrer Lieblingsbeschäftigung kein Geld verdienen können. Ohne sich näher mit dieser Frage beschäftigt zu haben, können Sie das nicht wissen.

Lassen Sie deshalb Ihrer Fantasie freien Lauf. Nehmen Sie Ihre Blätter mit Ihren Lieblingstätigkeiten zur Hand und notieren Sie, was sich daraus entwickeln könnte. Wenn Sie als Kind gerne mit Legosteinen gebaut haben, haben Sie als Jugendlicher vielleicht im Garten Ihrer Eltern ein Baumhaus gebaut, in das Sie sich zurückgezogen haben, wenn Sie Ihre Ruhe haben wollten. Dabei sind Sie auf den Geschmack der Arbeit mit Holz gekommen. Nachdem Sie auch noch eine hölzerne Hundehütte gebaut haben, für die Sie von Ihrer Familie und von Freunden Lob und Anerkennung bekamen, haben Sie beschlossen, nach der Schule eine Ausbildung als Tischler zu machen, um alles über die Arbeit mit Holz zu lernen. Nach der Ausbildung spürten Sie, dass Sie noch weiter lernen wollten, wie man

Häuser baut, und zwar aus Holz. Also nahmen Sie ein Architekturstudium auf. Schon im Studium spezialisierten Sie sich und schrieben eine Abschlussarbeit über den Bau energieökonomischer Holzhäuser.

Scheuen Sie sich bei Ihren Notizen nicht, in Ihren Gedanken bis zum Äußersten zu gehen. Das Motto lautet: „Yes, we can!" und nicht: „Das geht nicht, weil . . .". Kreieren Sie Lösungen und betätigen Sie sich nicht als Ihr oberster Bedenkenträger. Diesen Part werden andere für Sie übernehmen, was Sie noch merken werden, wenn es später an die Umsetzung Ihrer Berufung geht. Nehmen Sie nun die Blätter mit Ihren favorisierten Tätigkeiten und beschreiben Sie, wie weit und wohin Sie jede Ihrer Lieblingstätigkeiten gebracht hätte, wenn Sie einen Beruf daraus gemacht und nach Ihren eigenen Maßstäben Erfolg damit gehabt hätten.

Wenn Sie damit fertig sind, notieren Sie in der linken Spalte, was Ihnen an dieser Fantasie besonders gefällt. Dann gehen Sie weiter zur nächsten Lieblingstätigkeit, beschreiben, was sich daraus entwickeln könnte und notieren wiederum in der linken Spalte, was Ihnen daran gefällt. Wenn Sie am Ende angelangt sind, werden Sie feststellen, dass sich manche Themen wiederholen, aber auch einige neue Themen aufgetaucht sind. Schreiben Sie diese Themen in die rechte Spalte. So arbeiten Sie Schritt für Schritt heraus, was Sie brauchen, um letztlich zufrieden und glücklich zu sein.

Diese Übung begann mit meinem Appell an Sie, alles aufzuschreiben, was sie gerne mach(t)en. Dabei wurde deutlich, dass jede Erkenntnis über Sie wichtig ist. Auch das kleinste Vergnügen beinhaltet eine Botschaft darüber, wofür Sie begabt sind, was Sie glücklich macht oder in welche Richtung es bei Ihnen gehen kann. Wenn es um Ihre Berufung geht, sollten Sie letztlich auf alle Botschaften achten, die die Natur Ihnen bereitstellt bzw. hinterlassen hat.

Während Kinder ihren Berufsweg noch nicht planen und junge Erwachsene oft den Vorgaben anderer folgen, können Sie als Erwachsene(r) jetzt die Spuren erkennen, die Sie auf Ihrem bisherigen Lebensweg hinterlassen haben und so Ihrer Berufung folgen.

1. Schritt: Meine favorisierten Tätigkeiten
Tätigkeit: Etwas mit Legosteinen bauen

2. Schritt: **Was mir daran Freude macht(e)** – mit den Händen zu bauen – Ideen verwirklichen – stolz auf das Ergebnis zu sein		3. Schritt: **Meine Themen dabei** – Kreativ sein – handwerkliche Tätigkeit – Leidenschaft
– lernen – langsam etwas entstehen sehen – Spaß an Planung – gestalten	4. Schritt: **Was sich daraus entwickeln könnte . . .** – Baumhaus / Hütte bauen – Lehre als Schreiner – Architekturstudium	– Neugier – Schönheit /Ästhetik

5. Schritt: Fünf Jahre später

Nun sollen Sie noch weiter in die Zukunft „träumen“ und sich in Ihrer Fantasie ausmalen, was Sie fünf Jahre später erreicht haben könnten. Notieren Sie bitte in der mittleren Spalte auf jeder Seite unterhalb von Schritt 4 die Überschrift: „Fünf Jahre später“. Nun beschreiben Sie, wohin der Erfolg Sie führen könnte und was das bei Ihnen auslösen würde.

Nach dem Studium machen Sie sich als Architekt selbständig – um bei unserem Beispiel zu bleiben – und machen sich einen Namen im Bereich niedrigenergetischer Holzhäuser. Sie reisen oft ins Ausland, um sich dort innovative und schöne Holzhäuser anzuschauen und veröffentlichen in einschlägigen Fachzeitschriften regelmäßig Artikel und werden bekannt. Sie gewinnen immer wieder Ausschreibungen, sind gefragt und bekommen jede Menge Aufträge und Anerkennung. Sie sind materiell erfolgreich und sehr zufrieden, da Sie Ihre Berufung gefunden haben und diese leben. Sie leben Ihre Kreativität aus, indem Sie schöne Holzhäuser gestalten und bauen und können dabei Ihren Einfluss geltend machen. Insgesamt können Sie sich verwirklichen, Ihren Sinn für Ästhetik befriedigen und sind dabei auch noch unabhängig.

Jetzt lassen Sie wiederum Ihrer Fantasie freien Lauf und überlegen sich, was sich aus Ihren favorisierten Tätigkeiten im Zeitablauf entwickeln könnte. Wenn Sie damit fertig sind, machen Sie bitte gleich bei Schritt 6 weiter.

1. Schritt: Meine favorisierten Tätigkeiten Tätigkeit: Etwas mit Legosteinen bauen		
2. Schritt: **Was mir daran Freude macht(e)** – mit den Händen zu bauen – Ideen verwirklichen – stolz auf das Ergebnis zu sein		3. Schritt: **Meine Themen dabei** – Kreativ sein – handwerkliche Tätigkeit – Leidenschaft
– lernen – langsam etwas entstehen sehen – Spaß an Planung – gestalten	4. Schritt: **Was sich daraus entwickeln könnte . . .** – Baumhaus / Hütte bauen – Lehre als Schreiner – Architekturstudium	– Neugier – Schönheit /Ästhetik

	5. Schritt: **5 Jahre später**	
– umweltfreundliche Häuser bauen – energieökonomisch bauen	– Holzhäuser bauen – Reisen ins Ausland, um Holzhäuser zu besichtigen	– Anerkennung – Freude – Selbstverwirklichung

6. Schritt: Zehn Jahre später

Weitere fünf Jahre sind vergangen. Jetzt sind Sie auf der Höhe Ihrer Schaffenskraft. Es geht Ihnen gut, nichts Schlimmes ist passiert, aber es drängt Sie nach neuen Aufgaben und Herausforderungen, denn Ihre Berufung hat sich weiterentwickelt. Womit möchten Sie jetzt Ihre Zeit verbringen? Denken Sie bitte sorgfältig nach!

Für unseren Architekten ist vielleicht die Zeit gekommen, eine der Professuren anzunehmen, die ihm schon öfter angeboten wurden. Er möchte gern sein Wissen weitergeben und daran mitwirken, junge Menschen auszubilden. Zudem gewährt dieser Schritt ihm noch größere Unabhängigkeit bei gleichzeitiger Erhöhung seiner Sicherheit. Schließlich sind Professoren verbeamtet und damit unkündbar. Zusätzlich kann er einer Tätigkeit als Gutachter nachgehen und so sein Einkommen erhöhen. Außerdem gefällt ihm daran, als Experte gefragt zu sein. Und seiner Lust an der Besichtigung schöner Holzhäuser im In- und Ausland kann er im Rahmen von Exkursionen mit seinen Studenten nachgehen. Zusätzlich kann er mit seinem Architekturbüro ausgewählten Aufträgen nachgehen, die er sich nun ganz nach Belieben aussuchen kann.

Lassen Sie Ihrer Fantasie nun freien Lauf und schreiben Sie auf, was sich bei Ihnen entwickeln könnte, auch wenn Sie dafür vielleicht eine neue Seite anfangen müssen. Anschließend lehnen Sie sich zurück und begutachten Ihr Werk, denn gerade haben Sie eine Ahnung davon bekommen, was Sie wirklich wollen und was Ihrer wahren Berufung entspricht.

Die meisten von uns denken höchstens bis zu dem Punkt, an dem sie ihre Träume realisiert und Erfolg haben, aber nicht weiter. Es fühlt sich nicht gut an, wenn man sich vorstellt, was nach der Verwirklichung unseres Lebenstraums noch kommen soll. Möglicherweise haben wir Angst, uns zu langweilen, wenn wir an unserem Ziel angekommen sind. Oder dass es vielleicht doch nicht so schön ist, wie wir uns erhofft haben. Doch in Ihrem tiefsten Inneren wollen Sie in der Regel noch mehr erreichen und ein Teil von Ihnen ist sich darüber bewusst und spürt das. Wenn wir unsere vordergründigen Träume, in denen es meist darum geht, unsere dringendsten Bedürfnisse zu befriedigen, realisiert haben, haben wir Raum für die Träume, die unserem wahren Selbst, unserer wahren Berufung, entspringen.

1. Schritt: Meine favorisierten Tätigkeiten Tätigkeit: Etwas mit Legosteinen bauen		
2. Schritt: **Was mir daran Freude macht(e)** – mit den Händen zu bauen – Ideen verwirklichen – stolz auf das Ergebnis zu sein		3. Schritt: **Meine Themen dabei** – Kreativ sein – handwerkliche Tätigkeit – Leidenschaft
– lernen – langsam etwas entstehen sehen – Spaß an Planung – gestalten	4. Schritt: **Was sich daraus entwickeln könnte . . .** – Baumhaus / Hütte bauen – Lehre als Schreiner – Architekturstudium	– Neugier – Schönheit /Ästhetik

	5. Schritt: **5 Jahre später**	
– umweltfreundliche Häuser bauen – energieökonomisch bauen	– Holzhäuser bauen – Reisen ins Ausland, um Holzhäuser zu besichtigen	– Anerkennung – Freude – Selbstverwirklichung
	– 6. Schritt: **10 Jahre später**	
– lehren – beraten – forschen – als Experte gefragt werden	Prof. an einer Fachhochschule / Holzhäuser bauen – regelmäßige Exkursionen mit Studenten – Gutachtertätigkeit	– Unabhängigkeit – Sicherheit – Einfluss

Ich hatte einen Klienten, der immer einer der Besten seines Jahrgangs war: jeweils das beste Abitur, Diplom und die beste Doktorarbeit seines Jahrgangs. Sein Ehrgeiz und seine Motivation waren sehr groß. Eigentlich wollte er an der Uni bleiben und sich habilitieren, um Professor zu werden. Doch vorher wollte er einmal in die Praxis schnuppern. Er schrieb nur eine Bewerbung, wurde genommen und machte Karriere in der Wirtschaft, wo er zum Geschäftsführer aufstieg, großen materiellen Erfolg hatte und viel Anerkennung bekam. Eigentlich hatte er eine Familie gründen wollen, doch dazu kam er vor lauter Arbeit zunächst nicht. Auf dem Höhepunkt seiner Karriere fragte er sich, was jetzt noch kommen solle und besann sich auf seine Wurzeln. Er wurde Professor an einer Fachhochschule, ist oft als Vortragsreisender in seinem Spezialgebiet unterwegs, hat geheiratet und seine Frau hat ihm zwei Kinder geschenkt. Sein früher materieller Erfolg hat ihm mehrere zinsbringende Immobilien beschert, als Professor ist er verbeamtet, hat damit einen sicheren Job inklusive Pensionsansprüchen im Alter und darüber hinaus ist er relativ unabhängig. Niemand schreibt ihm vor, was er tun und lassen soll. Und nach den anstrengenden Anfangssemestern, in denen er viel Arbeit mit der Ausarbeitung seiner Lehrveranstaltungen hatte, kann er sich jetzt verstärkt mit seiner Familie beschäftigen und bewusst seine Kinder heranwachsen sehen. Er ist ein Mensch, der mit sich im Reinen ist und seine Berufung lebt.

Ich hoffe sehr, dass diese Übung mit ihren sechs Teilschritten Sie zum einen immer wieder überrascht und von meinem ursprünglichen Versprechen überzeugt hat: Für alle Dinge, die Sie von Herzen gerne tun und die Sie glücklich machen, haben Sie auch eine Begabung. Außerdem hoffe ich, dass Sie mit dieser Übung auch dann Ihren Begabungen auf die Spur gekommen sind, wenn diese vielleicht noch tief in Ihnen geschlummert haben.

In die folgende Tabelle können Sie zusammenfassend Ihre fünf größten Begabungen eintragen:

Ihre größten Begabungen
1.
2.
3.
4.
5.

Übrigens gibt es keine lineare Beziehung zwischen Talenten und Berufsfeldern. Eine Untersuchung kommt zu dem Ergebnis, dass es zahlreiche Menschen mit ähnlichen Talenten gibt, die auf ganz verschiedenen Berufsfeldern hervorragende Leistungen erbringen.[35] Deshalb ist es wichtig, viele verschiedene Einflussfaktoren bei der Ableitung Ihrer wahren Berufung und Ihres Traumjobs heranzuziehen. Das machen wir im dritten Schritt, wo es um die Auswertung und Verdichtung Ihrer Berufung zu Ihrem Traumjob geht.

Im Folgenden werden Sie überprüfen, ob es in Ihrem Leben so etwas wie einen roten Faden gibt. Gibt es einander ähnelnde Tätigkeiten, die sie in verschiedenen Altersstufen immer wieder gerne ausgeübt haben?

7. Gibt es einen roten Faden in Ihrem Leben?

Sie haben sich bisher ausführlich mit Ihrem eigenen Potenzial befasst – mit Ihren persönlichen Eigenschaften, Ihren Prägungen, Ihrer Motivation und schließlich mit Ihren Interessen. Sie wissen nun schon recht genau, wer Sie sind.

Nun geht es darum herauszufinden, ob es in Ihrem Leben so etwas wie einen roten Faden gibt. Worin bestanden jeweils Ihre größten privaten und beruflichen Erfolge? Bitte erläutern Sie, wie Sie diese erreicht haben. Dadurch können Sie Ihre Fähigkeiten und Kompetenzen ermitteln, die Ihnen bei der Lösung von Problemen helfen und mit denen Sie in der Vergangenheit erfolgreich waren. Bei der Ermittlung Ihrer persönlichen Erfolge unterstützt Sie nun folgende Übung:

Bitte füllen Sie folgende Tabelle aus. In der linken Spalte sehen Sie Ihr jeweiliges Alter, aufgeteilt in Perioden von 5 Jahren. In die zweite Spalte von links notieren Sie bitte besondere Ereignisse in Ihrem Leben (Konfirmation, Tanzkurs, Hochzeit, Auszug von Zuhause, Studium etc.) und wo Sie zu dieser Zeit gelebt haben. In der dritten Spalte von links notieren Sie, womit Sie sich in Ihrer jeweiligen Lebensphase gerne beschäftigt haben und was für Erfolge Sie erzielt haben. In die vierte Spalte von links schreiben Sie bitte, was Sie besonders gerne in der Freizeit taten und Ihre privaten Erfolge. Als Erfolge kommen zum Beispiel in Frage: als Kind eine besonders große und schöne Burg am Strand gebaut, als Jugendlicher besonders gute Noten in einem bestimmten Schulfach oder das Mofa „frisiert" und ein bisschen schneller gemacht, sportliche Erfolge, als Lehrling etwas Besonderes erstellt, mit Erfolg ein bestimmtes Projekt bearbeitet, im Studium eine besonders gute Haus- oder Abschlussarbeit geschrieben oder erfolgreich an einem Projekt während eines Praktikums mitgearbeitet. Weiterhin sind Arbeitserfolge als Erwachsener im Beruf wichtig oder wenn Sie zum Beispiel ein Stadtteilfest organisiert oder als Trainer einer Jugendmannschaft die Meisterschaft gewonnen haben etc. In der fünften Spalte notieren Sie bitte Ihr allgemeines Lebensgefühl in der jeweiligen Phase.

Alter	Ereignisse im Leben (z. B. Konfirmation, Umzüge, Hochzeit, Krankheiten etc.)	Beschäftigung (Spielen, Kindergarten, Schule, Ausbildung, Studium, Arbeit)	Womit verbrachten Sie Ihre Freizeit? Was hatten Sie für Hobbys?	Wie war Ihr allgemeines Lebensgefühl?
1 - 5				
6 - 10				
11 - 15				
16 - 20				
21 - 25				
26 - 30				
31 35				
36 - 40				
41 - 45				
46 - 50				

Alter	Ereignisse im Leben (z. B. Konfirmation, Umzüge, Hochzeit, Krankheiten etc.)	Beschäftigung (Spielen, Kindergarten, Schule, Ausbildung, Studium, Arbeit)	Womit verbrachten Sie Ihre Freizeit? Was hatten Sie für Hobbys?	Wie war Ihr allgemeines Lebensgefühl?
51 - 55				
56 - 60				
61 - 65				
66 - 75				
76 - 80				
81 - 85				
86 - 90				

Über fünf dieser Erfolge schreiben Sie dann bitte jeweils eine kurze Geschichte. Beachten Sie bitte, dass diese Geschichten Herausforderungen bzw. Aufgaben, Vorgehensweisen oder Problemlösungsmethoden und – ganz wichtig – Ergebnisse enthalten. Gehen Sie Schritt für Schritt in Ruhe vor. Unterstreichen Sie am Ende die eingesetzten Kompetenzen und ordnen Sie diese den Kernkompetenzen **Umgang mit Menschen** oder **Umgang mit Informationen und Konzepten** oder den **kreativen Fähigkeiten** oder dem **Umgang mit Materialien, Werkzeuge und Maschinen** zu. Werten Sie aus, welche Tätigkeiten Sie besonders gerne ausübten und sich in der Kindheit, Jugend und als Erwachsener wiederholen (sich also ein roter Faden zeigt) und wo sie insgesamt die meisten Einträge haben. Ergeben sich aus dieser Auflistung besondere Schlüsse und Erkenntnisse bezüglich Ihrer favorisierten Tätigkeiten und den dabei eingesetzten Fähigkeiten?

Nachdem Sie sich nun im ersten Schritt auf der Suche nach Ihrer Berufung mit der Frage befasst haben, wer Sie sind und Klarheit in Bezug auf Ihre Persönlichkeit gewonnen haben, geht es im zweiten Schritt um die zentrale Frage „Was will ich?" und die Entdeckung zahlreicher weiterer Mosaiksteine Ihrer wahren Berufung.

Zweiter Schritt: Was will ich? – Entwicklung Ihres Berufungsprofils

> Wenn Sie Ihre Entscheidungen nur darauf beschränken,
> was möglich oder was vernünftig erscheint,
> kappen Sie die Verbindung zu Ihrem wirklichen Wollen,
> und es bleibt nur ein Kompromiss übrig.
>
> [Robert Fritz]

Bisher haben Sie für sich herausgearbeitet, wer Sie sind. Dabei haben Sie sich intensiv mit Ihrer Persönlichkeit, Ihren Prägungen, Ihren Motivationsfaktoren, Ihren Interessen und Begabungen sowie mit dem roten Faden in Ihrem Leben beschäftigt. Jetzt sollen Sie genauer festlegen, was Sie wollen. Beispielsweise geht es um die Fragen, was für Arbeitsthemen Sie sich wünschen, welche konkreten Aufgaben Sie sich vorstellen, welche Arbeitsresultate Ihnen wichtig sind, was für ein Arbeitsumfeld Sie sich idealerweise vorstellen und welche Rolle, Position und Funktion Sie in Zukunft bei Ihrer Arbeit einnehmen wollen. Und zum Abschluss dieses Kapitels suchen Sie sich noch eine Branche aus, die für Sie reizvoll ist.[36] Die Beantwortung all dieser Fragen wird Sie Ihrer wahren Berufung Mosaikstein für Mosaikstein näher bringen.

1. Was tun Sie am liebsten?

Bitte beantworten Sie nun die folgenden Fragen:

- Es gibt keinerlei Be- oder Einschränkungen: Was würden Sie lieber tun als alles andere?

____

____

____

Vielleicht ist es etwas, was Sie schon einmal getan haben oder wovon Sie zumindest schon einmal geträumt haben? Auch bei dieser Frage gibt es keinerlei Einschränkungen. Sie können sich wirklich jede Tätigkeit oder jeden Job aussuchen, die bzw. den Sie kennen oder sich vorstellen können. Und wenn es sie bzw. ihn noch nicht gibt, dann nehmen Sie sich ein leeres Blatt Papier und beschreiben diesen Job so genau wie möglich.

- Wenn Sie es sich aussuchen könnten: Wessen Job hätten Sie am liebsten?

____

____

____

Welche Beschäftigung wäre es Ihnen wert, eine echte Strapaze auf sich zu nehmen, um dieser Beschäftigung nachgehen zu können?

- Wofür würden Sie „meilenweit" laufen, um es tun zu können?

____

____

____

Und was hätten Sie gern bei sich, wenn Sie auf einer einsamen Insel stranden würden?

- Was würden Sie auf eine einsame Insel mitnehmen?
  (Gehen Sie bitte davon aus, dass es Essen und Trinken dort reichlich gibt und sowohl elektrischer Strom als auch Empfang für ein eventuell mitgenommenes Handy und einen Laptop vorhanden wären.)

____

____

____

Nehmen Sie einmal an, Sie sind mit einem Experten für ein Spezialthema auf einer einsamen Insel gelandet.

- Auf welches Thema, über das Sie sich dann unterhalten könnten, würden Sie hoffen? Was für eine Art Experten würden Sie sich wünschen? Über welches Thema würden Sie gerne mehr erfahren?

____

____

____

____

____

Angenommen, Sie hätten die Möglichkeit, eine Tätigkeit, einen Beruf einmal auszuprobieren:

- In welchen Bereich würden Sie gerne mal in Form eines Praktikums für einen Tag oder drei Wochen in Ihrem Urlaub hineinschnuppern?

____

____

____

____

____

Sowohl den Fähigkeiten als auch den Interessen eines Menschen kommt für die Wahl der idealen Arbeit eine große Bedeutung zukommt. Wir erbringen demnach bei der Erledigung von Aufgaben dort die besten Leistungen, wo die Arbeit uns relativ leicht von der Hand geht, weil sie einerseits unseren Fähigkeiten und Begabungen entspricht, und sie uns andererseits auch noch stark interessiert. Sind diese Voraussetzungen erfüllt, haben wir in der Regel auch viel Freude an einer Arbeit und sind unserem Traumjob schon recht nahe. Welche natürlichen motivierenden Fähigkeiten haben Sie in Kapitel 4.1 im ersten Schritt ausgewählt und welche Interessen haben Sie in Kapitel 5 dieses ersten Schrittes herausgearbeitet? Und wo liegen Ihre Begabungen und Talente?

Im Folgenden werden Sie Überlegungen dazu anstellen, mit welchen Arbeitsthemen Sie sich gerne beschäftigen wollen.

2. Welche Arbeitsthemen bevorzugen Sie?

Notieren Sie nun, mit welchen Materialien, Gegenständen oder Themen Sie gerne arbeiten möchten. Wählen Sie aus der folgenden Liste Ihre favorisierten Objekte und Fragestellungen aus und ergänzen Sie die Liste, wenn Sie ein Thema vermissen, das Sie interessiert.

- Menschen
  (Patienten, Kunden, Ratsuchende, Lernende ...)
  ____
  ____
  ____

- Tiere
  (Haustiere, Nutztiere, exotische Tiere ...)
  ____
  ____
  ____

- Dinge aus der Natur
  (Erde, Pflanzen, Bäume, Obst, Gemüse ...)
  ____
  ____
  ____

- Nahrungsmittel
(Brot, Fleisch, Milchprodukte, Obst, Gemüse, Getränke, Konserven ...)

____

____

____

- Bekleidung
(Damen-, Herren-, Kinder-, Ober-, Unterbekleidung, Schuhe ...)

____

____

____

- Drogerieartikel
(Körperpflegeartikel, Kosmetika, Spül- und Waschmittel, Putzmittel ...)

____

____

____

- Einrichtungsgegenstände
(Möbel, Teppiche, Lampen und Leuchten, Geschirr, Küchen, Sanitäreinrichtungen ...)

____

____

____

- Grundstücke und Immobilien
(Häuser, Villen, Miet- und Eigentumswohnungen, Zinshäuser, Gewerbeimmobilien ...)

____

____

____

7. Gartenzubehör
(Samen, Düngemittel, Gartengeräte (Spaten, Harke etc.), Rasenmäher ...)

____

____

____

- Spielzeug, Sportartikel und Musikinstrumente
(Gesellschaftsspiele, Kinderspielzeug, Puppen, Computerspiele, Bälle, Schläger, Instrumente, Noten ...)

____

____

____

- Schmuck und Uhren
(Modeschmuck, Diamanten, Gold-, Silber- und Platinschmuck, Damenuhren, Herrenuhren, Wanduhren ...)

____

____

____

- Medien
(Zeitschriften, Bücher, elektronische Bücher, Tonträger, Filme, Internet (Homepages) ...)

____

____

____

- Unterhaltungselektronik und Haushaltsgeräte
(Radio, Hi-Fi-Geräte, TV, Weiße Ware (Waschmaschinen etc.), Elektrogeräte (Entsafter, Toaster, Staubsauger etc.) ...)

____

____

____

- Büro-, Informations- und Kommunikationstechnik (Hardware) (Kopierer, Fax, PC, Netbook, Laptop, Tablet, E-Book-Reader, Telefon, Handy …)

  ____

  ____

  ____

- Computerprogramme (Software) (Spiele, Office-Programme, Steuersoftware, Börsen- und Finanzsoftware, CAD, firmen- und brachenspezifische Software (z. B. Buchungssysteme, Buchhaltung etc.) …)

  ____

  ____

  ____

- Transportmittel (Fahrräder, Roller, Motorrad, PKW, LKW, öffentliche Verkehrsmittel, Flugzeuge, Schiffe, Boote …)

  ____

  ____

  ____

- Energie/Rohstoffe/Wasser/Abwasser (Elektrizität, Kohle, Öl, Gas, Wasser, Wind, Sonne …)

  ____

  ____

  ____

- Sicherheit/Recht (Polizei, private Sicherheitsdienste, Justiz…)

  ____

  ____

  ____

- Industriegüter
  (Werkzeuge, Maschinen, Roboter ...)

  ____

  ____

  ____

- Medizintechnik
  (Ultraschallgeräte, Röntgengeräte, Kernspintomographen ...)

  ____

  ____

  ____

- Medizinische Produkte und Hilfsgeräte
  (Zahnersatz, Hörgeräte, Brillen, Prothesen, Gehhilfen, Rollstühle, Arzneimittel ...)

  ____

  ____

  ____

- Materialarten
  (Baumwolle, Wolle, Synthetikgewebe, Papier, Holz, Stahl, Metalle, Plastik, Glas, Keramik, Gummi ...)

  ____

  ____

  ____

- Finanzprodukte
  (Aktien, Renten, Derivate, Versicherungsprodukte ...)

  ____

  ____

  ____

- Chemische Produkte
  (Farben, Lacke, Kunststoffe etc.)

  ____

  ____

  ____

- Dienstleistungen
  (Bildung, Beratung, Coaching, Public Relations, Fotografie, Design, Heilung, Tourismus ...)

  ____

  ____

  ____

- Kunst und Kultur
  (Konzert, Theater, Museum, Zirkus, Kino, Ausstellung ...)

  ____

  ____

  ____

-

  ____

  ____

  ____

-

  ____

  ____

  ____

-

  ____

  ____

  ____

Nachdem Sie soeben Ihr favorisiertes Arbeitsthema herausgearbeitet haben, machen Sie sich im Folgenden bitte Gedanken darüber, welche konkreten Aufgaben Sie sich wünschen.

3. Welche konkreten Aufgaben wünschen Sie sich?

Im Folgenden haben Sie die Möglichkeit anzugeben, welche konkreten Aufgaben Sie sich wünschen. Dies können Aufgaben im Zusammenhang mit Menschen sein oder mit Zahlen, Daten, Informationen, Wissen und Konzepten oder mit Ideen und Kreativität oder mit Maschinen, Werkzeugen und Materialien.

3.1. Aufgaben im Zusammenhang mit Menschen

Bitte kreuzen Sie im Folgenden die jeweilige Aufgabe bzw. den jeweiligen Aufgabenbereich im Zusammenhang mit Menschen an, mit der bzw. dem Sie sich beruflich gerne beschäftigen möchten.

☐ Krankheit, Behandlung und Heilung im Allgemeinen

____

☐ Pflege und Dienst am Menschen (Arbeit mit Kranken, Alten, Behinderten, Kosmetik, medizinische Fußpflege, Maniküre, Nageldesign etc.)

____

- [ ] Soziale Arbeit (Arbeit mit Behinderten, gesellschaftlichen Randgruppen, wie z. B. Drogen- und Alkoholabhängigen, Obdachlosen etc.)

____

- [ ] Erziehung und Bildung (Kindergarten, Schule, Hochschule, Volkshochschule, private Bildungsträger etc.)

____

- [ ] Beratung (Recht, Steuern, Finanzen, psychologische Beratung und Coaching, Beruf + Karriere, Ernährung etc.)

____

- [ ] Verkauf von Gütern und Dienstleistungen

____

- [ ] Aufgaben im Servicebereich (Hotel und Gastronomie)

____

- [ ] Führungsaufgaben in Wirtschaft und Verwaltung

____

- [ ] Kommunikationsaufgaben (informieren, überzeugen, verhandeln, repräsentieren, Reklamationen bearbeiten . . .)

____

- [ ] Aufgaben im Zusammenhang mit der Gründung und dem Aufbau von Gruppen, Unternehmen, Parteien, Initiativen etc.

____

- [ ] Aufgaben im Zusammenhang mit Sinn, Spiritualität und Religion

____

- [ ] Welche Aufgabenbereiche im Zusammenhang mit Menschen kommen sonst noch für Sie in Frage?

____

3.2. Aufgaben im Zusammenhang mit Daten, Informationen, Wissen und Konzepten

Mit welchen Aufgaben im Zusammenhang mit Daten, Informationen, Wissen und Konzepten möchten Sie sich in Ihrem Traumjob gerne befassen? Bitte treffen Sie Ihre Auswahl aus der folgenden Liste:

- [ ] Rechnen, kalkulieren und bilanzieren

____

- [ ] Daten und Informationen sammeln, auswerten, strukturieren, archivieren, sichern oder verwalten

____

- [ ] Datensicherheit

____

- [ ] Software planen, konzipieren und entwickeln

  ____

- [ ] Planung, Organisation und Kontrolle

  ____

- [ ] Verwaltungsaufgaben

  ____

- [ ] Ideen für Konzepte generieren, Konzepte entwickeln, Konzepte umsetzen

  ____

- [ ] Aufgaben im Bereich Forschung

  ____

- [ ] Vorhandene Konzepte und Lösungen anpassen und verbessern

  ____

- [ ] Was für Aufgaben im Zusammenhang mit Daten, Informationen, Wissen und Konzepten kommen sonst noch für Sie in Frage?

  ____

3.3. Was für kreative Aufgaben wünschen Sie sich?

Mit was für Aufgaben und Herausforderungen möchten Sie sich im Zusammenhang mit Ihren kreativen Fähigkeiten befassen?

☐ Fotografie (Personen, Landschaften, Architektur, Nahrungsmittel, Objekte etc.)

____

☐ Grafik, Grafik-Design, Medien- und Webgestaltung

____

☐ Schreiben (Artikel, Sachbücher, Prosa, Lyrik etc.)

____

☐ Recherche und Journalismus (Print, Internet, TV, Radio etc.)

____

☐ Komponieren, singen, ein Instrument spielen, Musik machen

____

☐ Tanz, Musical, Comedy, Kabarett, Theater

____

☐ Zeichnen und malen

____

☐ Bildhauerisch tätig sein

___

☐ Sport treiben

___

☐ Was kommen sonst noch für Aufgaben im Zusammenhang mit Ideen und Kreativität für Sie in Frage?

___

3.4. Aufgaben im Zusammenhang mit Materialien, Werkzeugen und Maschinen

Welche Probleme, Aufgaben und Herausforderungen suchen Sie im Zusammenhang mit Materialien, Werkzeugen und Maschinen. Bitte kreuzen Sie in der folgenden Liste an, welche Punkte Ihnen wichtig sind:

☐ Möchten Sie gerne ein Handwerk ausüben? Wenn ja, welches?

___

☐ Gibt es bestimmte Materialien, mit denen Sie gerne arbeiten möchten? Wenn ja, welche sind dies?

___

☐ Möchten Sie gerne Maschinen bedienen? Wenn ja, welche?

___

- [ ] Möchten Sie gerne in einem Baumarkt arbeiten?

____

- [ ] Möchten Sie gern bei der Entwicklung von Computerhardware mitarbeiten? Wo genau da?

____

- [ ] Möchten Sie gern Computer zusammenbauen oder etwas anderes mit Computern machen?

____

- [ ] Möchten Sie gern mit Handys, Tablets, Digitalkameras oder anderen technischen Geräten zu tun haben?

____

- [ ] Möchten Sie gerne als Ingenieur arbeiten (Maschinenbau, Nachrichtentechnik, Informatik, Elektrotechnik, erneuerbare Energien, Chemie, Bau etc.)

____

- [ ] Möchten Sie in irgendeiner Form mit Nahrungsmitteln arbeiten (z. B. kochen, backen etc.)

____

- [ ] Möchten Sie mit Natur, Erde oder Pflanzen arbeiten?

____

- [ ] Möchten Sie gerne etwas (zusammen-)bauen?

____

- [ ] Welche Aufgaben im Zusammenhang mit Materialien, Werkzeugen und Maschinen kommen sonst noch für Sie in Frage?

____

4. Welche Arbeitsmotive und -resultate sind Ihnen wichtig?

Im Folgenden denken Sie bitte über Ihre Arbeitsmotive nach und darüber, welche Arbeitsresultate Ihnen wichtig sind.

Ihre Arbeitsmotive

- [ ] Ich strebe eine sehr gute Ausbildung an, so dass ich in einem hoch qualifizierten Bereich arbeiten kann.
- [ ] Mein Selbstwertgefühl hängt stark von dem Beruf ab, den ich ausübe. Meine Arbeit steht für mich an oberster Stelle.
- [ ] Ich fühle mich meinem Arbeitgeber gegenüber in der Pflicht und möchte durch mein Können und meinen Arbeitseinsatz entscheidend zum Unternehmenserfolg beitragen.
- [ ] Für Anerkennung und Beförderung bin ich bereit, ausdauernd und hart zu arbeiten.

- [ ] Ich habe keine großen beruflichen Ambitionen und möchte einfach nur einen Job machen.

- [ ] Welches Arbeitsmotiv ist Ihnen sonst noch wichtig?

____

____

____

Arbeitsresultate, die Ihnen wichtig sind

Was möchten Sie gerne mit Ihrer Arbeit für sich persönlich erreichen? Ein bestimmtes Einkommen, um sich einen gewissen Lebensstandard leisten und vor allem Ihre materiellen Bedürfnisse befriedigen zu können? Eine bestimmte Position, um zum Beispiel Macht ausüben zu können und einen gewissen Status zu haben? Eine Arbeit, in der Sie einen Sinn erkennen und die Sie ausfüllt? Möchten Sie bei Ihrer Arbeit etwas gestalten können? Oder ist Ihnen Anerkennung vom Chef, von Kunden oder Kollegen wichtig? Oder möchten Sie andere schlichtweg durch Ihre Arbeit beeindrucken? Möchten Sie vielleicht ein selbstbestimmtes Leben führen, um Freiheit und Selbstverwirklichung zu erreichen? Wollen Sie Freiheit und Risiko statt Angestelltensicherheit oder lieber doch Sicherheit an die erste Stelle setzen? Oder ist es Ihnen wichtig, bei Ihrer Arbeit Spuren hinterlassen? Was möchten Sie also kurz-, mittel- und langfristig mit Ihrer Arbeit erreichen? Kurzfristig heißt dabei in ein bis drei Monaten, mit mittelfristig ist ein Zeitraum von in drei Monaten bis zu einem Jahr gemeint und langfristig ist ein Zeitraum von einem Jahr bis zu drei Jahren. Weiter zu denken, fällt vielen Menschen, vor allem jüngeren unter 35 Jahren, nach meiner Erfahrung sehr schwer.

- kurzfristig

____

____

____

- mittelfristig

____

____

____

- langfristig

____

____

____

Im Folgenden machen Sie sich bitte Gedanken darüber, wie Ihr Arbeitsumfeld aussehen soll.

5. Welches Arbeitsumfeld stellen Sie sich vor?

Was ist Ihnen bei einer Arbeit besonders wichtig? Ist Ihnen ein hohes Maß an Sicherheit wichtig oder möchten Sie viel eher möglichst frei und unabhängig sein? Möchten Sie viel Geld verdienen oder ist es Ihnen wichtiger, anderen Menschen zu helfen? Wünschen Sie sich eher Routineaufgaben oder immer wieder neue, abwechslungsreiche Aufgaben, die Sie herausfordern? Streben Sie einen Nine-to-five-Job an oder wären Sie auch bereit, Überstunden zu machen und/oder am Wochenende zu arbeiten, um beruflich aufzusteigen? Möchten Sie lieber jeden Morgen ins Büro fahren oder sind Sie gerne unterwegs auf Geschäftsreise? Arbeiten Sie lieber mit den Händen oder lieber mit dem Kopf? Fragen Sie sich also zunächst, welche Anforderungen Sie an Ihre berufliche Entwicklung und an Ihren angestrebten Beruf haben.

5.1. Wo wollen Sie arbeiten?

Wollen sie gerne an Ihrem jetzigen Wohnort bleiben oder zieht es Sie vielleicht in den Norden an die Küste oder eher in den sonnigen Süden? Und leben Sie lieber auf dem Land, in einer Stadt oder bevorzugen Sie eine Großstadt? Lassen Sie Ihre bisherigen Wohnorte Revue passieren und notieren Sie, was Ihnen daran gefallen hat und was nicht. Wollen Sie gerne in Ihrer Region bleiben oder können Sie sich auch einen Umzug vorstellen? Wie mobil sind Sie?

Ich möchte gern in Zukunft

- ☐ auf dem Land
- ☐ in einer kleinen oder mittelgroßen Stadt
- ☐ in der Großstadt
- ☐ im Ausland
- ☐ an meinem bisherigen Wohnort leben.

____

____

____

____

____

Im Folgenden geht es um die Größe und Art des Unternehmens und darum, wie Sie sich Ihren Arbeitsplatz vorstellen.

5.2. Größe und Art des Unternehmens

Als nächstes machen Sie sich bitte Gedanken darüber, in was für einer Art – in Bezug auf die Größe – von Unternehmen Sie gern arbeiten möchten. Bevorzugen Sie einen großen Konzern, in dem Sie ein gewisses Maß an Sicherheit haben, klar umrissene Aufgabengebiete und klar definierte Arbeitsbedingungen, aber wo die Entscheidungswege mitunter sehr lang sind und Sie insgesamt weniger bewegen können? Dafür ist die Bezahlung meist besser und ein Jobwechsel ist innerhalb des Konzerns meist ohne größere Probleme möglich.

Oder bevorzugen Sie klein- und mittelständische Unternehmen, wo Sie einen engeren Bezug zum Produkt haben und unter Umständen schneller Entscheidungsbefugnisse erhalten als im Konzern, aber insgesamt weniger Sicherheit haben. Vielleicht legen Sie auch Wert darauf, in einem Familienunternehmen zu arbeiten, wo sich der Unternehmenspatriarch noch persönlich für die Mitarbeiter verantwortlich fühlt?

Vielleicht wollen Sie aber auch gar nicht in der freien Wirtschaft arbeiten, sondern sind eher ein Typ für Non-Profit-Unternehmen, den Öffentlichen Dienst oder möchten gleich Beamter werden? Dabei ist die Sicherheit dieser Jobs in der Regel größer ist als in der freien Wirtschaft – Beamte sind gar nach einer Bewährungszeit unkündbar, doch sind sie in der Regel durch eine Vielzahl an Vorschriften in Ihrer Entscheidungsfreiheit stärker beschränkt als sie es in der freien Wirtschaft wären. Dies ist der Preis, den sie für die Sicherheit ihres Arbeitsplatzes bezahlen müssen.

Ich bevorzuge

☐ Ein Großunternehmen (Konzern) (ab 501 Mitarbeiter)

☐ den Mittelstand (51 bis 500 Mitarbeiter)

☐ mittlere Unternehmen (11 bis 50 Mitarbeiter)

☐ kleine Unternehmen (bis 10 Mitarbeiter)

☐ Non-Profit-Unternehmen

- [ ] den Öffentlichen Dienst

- [ ] das Beamtentum

Überlegen Sie sich nun bitte, welche Art des Arbeitsplatzes Sie sich idealerweise vorstellen.

5.3. Art des Arbeitsplatzes

Wie stellen Sie sich Ihren Arbeitsplatz in Ihren Träumen vor? Wie soll er idealerweise aussehen? Ist es ein Büro oder eher eine Werkstatt? Möchten Sie ein Büro für sich allein oder mit einigen anderen zusammen? Oder soll es gar ein Großraumbüro sein. Oder wollen Sie gar nicht immer im Büro arbeiten, sondern lieber auf Geschäftsreise sein bzw. im Außendienst arbeiten.

- [ ] Einzelbüro

- [ ] Mit mehreren anderen (Team) in einem Büro

- [ ] Großraumbüro

- [ ] Werkstatt / Produktionshalle

- [ ] Außendienst / Kundendienst / Reisetätigkeit

- [ ] Homeoffice

Bitte notieren Sie nun, was Ihnen an einem Arbeitsplatz sonst noch wichtig ist.

____

____

Im Folgenden überlegen Sie sich bitte, mit was für Menschen Sie gerne zusammenarbeiten möchten.

5.4. Ihre idealen Kollegen

Als Kollegen bei Ihrer Arbeit wünschen Sie sich:

- ☐ Männer
- ☐ Frauen
- ☐ Menschen eines bestimmten Alters
- ☐ Menschen mit einem bestimmten Bildungsgrad
- ☐ Menschen mit einem bestimmten fachlichen Hintergrund
- ☐ Menschen mit einem bestimmten wirtschaftlichen, kulturellen, religiösen oder sozialen Hintergrund
- ☐ Menschen mit einer bestimmten sexuellen Orientierung

____

____

Im Folgenden überlegen Sie sich bitte, in welcher Form Sie mit anderen zusammenarbeiten wollen.

5.5. Wie möchten Sie mit anderen zusammenarbeiten?

Bitte notieren Sie nun, für wen Sie arbeiten wollen und wie Sie sich die Zusammenarbeit mit anderen idealerweise vorstellen, sofern Sie nicht ganz alleine für sich selbst arbeiten wollen.

☐ nur für einen Vorgesetzten (z. B. Steuerfachangestellte)

☐ gelegentlich mit anderen zusammen (z. B. bei speziellen Projekten, bei denen sich einzelne Freelancer zeitweise zusammenschließen)

☐ in einem überschaubaren Team (z. B. Schadensachbearbeiter „Hausrat" in einer Versicherung)

☐ mit vielen Kollegen in einer größeren, lockeren Gruppe (z. B. Abteilung (angestellt) oder Bürogemeinschaft (selbstständig))

☐ mit ständig wechselnden, ganz unterschiedlichen Personen (Kunden, Patienten, Mandanten, Lernenden)

☐ nur mit speziellen Experten etc. (z. B. bei Forschungsprojekten)

☐ alleine, nur für sich und ohne Vorgesetzte (z. B. als selbständiger Schriftsteller)

- [ ] bevorzugen Sie Menschen bestimmter Qualifikation oder Fachrichtungen?

____

____

____

____

____

Im Folgenden entscheiden Sie, wen Sie gerne als Kunden, Klienten, Patienten oder Lernende hätten.

5.6. Kunden, Klienten, Patienten, Lernende

Im Folgenden machen Sie sich bitte Gedanken darüber, mit welchen Menschen Sie gerne als Lernende, Patienten, Kunden oder Klienten zusammenarbeiten wollen bzw. welche Menschen Sie mit Ihrer Arbeit generell ansprechen möchten. Angenommen, Sie möchten gerne andere Menschen behandeln bzw. therapieren, dann sollen Sie sich entscheiden, mit Menschen welchen Alters bzw. welcher Problemgruppe Sie zusammenarbeiten möchten.

Menschen, mit denen Sie gerne arbeiten bzw. denen Sie gerne helfen möchten:

- [ ] Frauen und/oder Männer

____

- [ ] Einzelpersonen, kleine Gruppen, große Gruppen

____

- [ ] Säuglinge, Kindergartenkinder, Schulkinder, Jugendliche, junge Erwachsene, Erwachsene, Rentner

____

- [ ] Schüler, Auszubildende, Studenten, Arbeitslose, Arbeitnehmer, Selbständige

____

- [ ] Menschen aus bestimmten sozialen Schichten

____

- [ ] Ausländer (aus bestimmten Kulturkreisen)

____

- [ ] Angehörige bestimmter Religionen

____

- [ ] Welche Menschen- bzw. Bevölkerungsgruppen kommen sonst noch für Sie in Frage?

____

Und wie stellen Sie sich Ihren zeitlichen Arbeitseinsatz bei Ihrem Traumjob idealerweise vor?

5.7. Ihr bevorzugter zeitlicher Arbeitseinsatz

Kreuzen Sie bei der folgenden Übung bitte die Aussagen an, die auf Sie zutreffen:

☐ Mir ist eine sichere Vollzeitstelle wichtig. Dafür bin ich bereit, auch mehr als 40 Stunden pro Woche zu arbeiten und falls notwendig, auch abends oder am Wochenende.

☐ Ich bin gerne bereit Überstunden zu machen, wenn meine Aussichten auf eine Beförderung dadurch maßgeblich steigen.

☐ Zwar gebe ich im Beruf das Beste. Jedoch darf mein Privatleben nicht darunter leiden.

☐ Ich arbeite, um zu leben und möchte keinen Job, der mich zu sehr beansprucht. Meine Energie nutze ich lieber für Freizeitaktivitäten.

☐ Meine Arbeit ist für mich wichtig und soll mir auch Spaß machen. Doch nachmittags ab 17:00 Uhr möchte ich nicht mehr an sie denken müssen.

☐ Ich kann mir auch vorstellen, Teilzeit zu arbeiten oder Saisonarbeit zu machen. Auch mit einem befristeten Arbeitsvertrag hätte ich kein Problem.

☐ Ein Mini-Job wäre für den Anfang vollkommen ausreichend.

Weitere Aspekte, die für mich wichtig sind:

____

____

____

Schauen Sie sich nun an, welche Aussagen Sie angekreuzt und ggf. ergänzt haben und welche Konsequenzen sich daraus für Sie ergeben:

____

____

____

____

____

____

____

Im Folgenden geht es um die Frage, ob Sie lieber angestellt sein möchten oder ob Sie eine selbständige Existenz anstreben.

5.8. Angestellt oder selbständig?

Möchten Sie lieber angestellt sein oder selbständig arbeiten?

Festanstellung

- ☐ Mir ist die Sicherheit einer Festanstellung wichtig.
- ☐ Ich wünsche mir ein leistungsunabhängiges Gehalt.
- ☐ Eine – zum Teil – leistungsabhängige Bezahlung ist für mich okay.
- ☐ Mir ist eine variable/gleitende Arbeitszeit wichtig.

☐ Ich möchte angestellt sein, aber gern von zu Hause aus arbeiten und mit meinem Arbeitgeber über moderne Informations- und Kommunikationstechniken kommunizieren (Homeoffice).

Weitere Aspekte, die mir bei einer Festanstellung wichtig sind:

____

____

____

____

Selbständigkeit

☐ Über meine Zeit und meine Arbeitsbedingungen möchte ich selbst bestimmen.

☐ Ich möchte frei und unabhängig sein. Dafür bin ich auch bereit, ein Risiko einzugehen.

☐ Für gute Ergebnisse möchte ich entsprechend bezahlt werden. Dafür nehme ich in Kauf, bei schlechter Auftragslage vorübergehend wenig oder kein Einkommen zu haben.

☐ Wenn ich für andere arbeite, muss es möglich sein, dass ich immer wieder längere Pausen machen, danach aber wieder mit neuen Aufträgen rechnen kann.

☐ Ich möchte lieber eigenverantwortlich arbeiten als für einen Chef.

Weitere Aspekte, die mir bei einer Selbständigkeit wichtig sind:

____

____

____

____

Fazit: Was streben Sie an? Eine Selbständigkeit oder wollen Sie lieber angestellt sein?

____

____

____

____

Als nächstes machen Sie sich bitte Gedanken darüber, welche Rolle, Position und Funktion Sie bei Ihrer Arbeit ausüben möchten.

6. Welche Rolle, Position und Funktion möchten Sie bei Ihrer Arbeit innehaben?

Im Folgenden können Sie festlegen, welche Rolle, Position und Funktion Sie zukünftig bei Ihrer Arbeit innehaben möchten. Wir beginnen mit der von Ihnen bevorzugten Rolle.

6.1. Ihre favorisierte Rolle

Folgende Rollen kommen in Betracht:

- ☐ Verkäufer

____

- ☐ Einkäufer

____

- ☐ Berater

____

- ☐ Trainer

____

- ☐ Lehrer bzw. Dozent (Schule, Hochschule oder Volkshochschule)

____

- ☐ Entwickler, Konstrukteur, Ingenieur

____

- ☐ Koordinator, Organisator, Manager

____

- ☐ Repräsentant

____

☐ Tüftler und Bastler

____

☐ Bearbeiter

____

☐ (Vor-)Denker

____

☐ Konfliktlöser

____

☐ Sozialarbeiter

____

☐ Behandler, Therapeut, Coach

____

☐ Anwalt, Fürsprecher, Mediator

____

☐ Animateur

____

☐ Bedienung

____

- [ ] Gestalter

___

- [ ] Kundenbetreuer und -berater, Lektor etc.

___

- [ ] ...

___

- [ ] ...

___

- [ ] ...

___

Und welche Position möchten Sie bei Ihrer Arbeit gerne einnehmen?

6.2. Ihre ideale Position

Es können eine oder mehrere Positionen für Sie relevant sein. Zum Beispiel können Sie sowohl Zuarbeiter als auch Teammitglied sein.

- [ ] Sachbearbeiter, Hintergrundarbeiter, Zuarbeiter, Referent

___

- [ ] Teammitglied

___

- [ ] Vorgesetzter (Teamleiter, Abteilungsleiter, Bereichsleiter, Vorstand etc.)

____

- [ ] Chef (Geschäftsführer, Vorstandsvorsitzender, Intendant etc.)

____

- [ ] Berater

____

- [ ] Einzelkämpfer

____

- [ ] Springer, „Feuerwehr", Troubleshooter

____

- [ ] ...

____

- [ ] ...

____

- [ ] ...

____

- [ ] ...

____

Im Folgenden können Sie eine oder mehrere betriebliche Funktionen auswählen, in denen Sie arbeiten möchten.

6.3. In welcher betrieblichen Funktion möchten Sie arbeiten?

Es gibt unterschiedliche betriebliche Funktionen. In welcher möchten Sie gerne arbeiten?

☐ Unternehmensleitung

____

☐ Einkauf und Beschaffung

____

☐ Produktion

____

☐ Qualitätswesen

____

☐ Marketing und Vertrieb

____

☐ Finanzierung

____

- [ ] Rechnungswesen, Controlling und Interne Revision

____

- [ ] Forschung und Entwicklung

____

- [ ] Personalwirtschaft

____

- [ ] Organisation

____

- [ ] Informationsverarbeitung, EDV

____

- [ ] Innerbetriebliches Transportwesen

____

- [ ] Logistik + Materialwirtschaft

____

- [ ] Reparaturwesen

____

- [ ] Rechtsabteilung

____

- [ ] Kundenberatung (z. B. im Dienstleistungsbetrieb)

___

- [ ] Back Office, Sekretariat

___

- [ ] Öffentlichkeitsarbeit

___

- [ ] ...

___

- [ ] ...

___

- [ ] ...

___

Und nun überlegen Sie bitte, welche Branche(n) für Sie in Betracht kommen.

7. In welcher Branche möchten Sie arbeiten?

Die Funktion, die Sie eben ausgewählt haben, können Sie in verschiedenen Branchen ausüben. Folgende Branchen kommen unter anderem in Frage:

☐ Landwirtschaft, Forstwirtschaft und Fischerei

____

☐ Bergbau

____

☐ Nahrungs- und Genussmittel

____

☐ Herstellung von Textilien, Bekleidung, Lederwaren und Schuhen

____

☐ Herstellung von Holzwaren, Papier und Pappe; Herstellung von Druckerzeugnissen

____

☐ Herstellung von chemischen und pharmazeutischen Erzeugnissen; Mineralölverarbeitung

____

- [ ] Herstellung von Gummi- und Kunststoffwaren sowie von Glas, Glaswaren, Keramik; Verarbeitung von Steinen und Erden

____

- [ ] Metallerzeugung und -bearbeitung, Herstellung von Metallerzeugnissen

____

- [ ] Herstellung von Datenverarbeitungsgeräten, elektronischen und optischen Erzeugnissen

____

- [ ] Herstellung von elektrischen Ausrüstungen

____

- [ ] Maschinenbau

____

- [ ] Fahrzeugbau, -handel, Instandhaltung und Reparatur von Kraftfahrzeugen

____

- [ ] Sonstige Herstellung von Waren, Reparatur und Installation von Maschinen und Ausrüstungen

____

- [ ] Sonstiges Handwerk

____

- [ ] Energie- und Wasserversorgung

____

- [ ] Baugewerbe

____

- [ ] Handel

____

- [ ] Transport, Verkehr und Lagerwirtschaft

____

- [ ] Gastgewerbe

____

- [ ] Verlage, Medien und Kommunikation

____

- [ ] Telekommunikation, IT und IT-Dienstleistungen

____

- [ ] Banken und Versicherungen

____

- [ ] Grundstücks- und Wohnungswesen

____

- [ ] Erbringung von freiberuflichen und technischen Dienstleistungen

____

- [ ] Wissenschaftliche Forschung und Entwicklung

____

- [ ] Öffentliche Verwaltung, Verteidigung, Sozialversicherung

____

- [ ] Erziehung und Unterricht

____

- [ ] Gesundheitswesen

____

- [ ] Heime und Sozialwesen

____

- [ ] Kunst, Unterhaltung und Erholung

____

- [ ] Recht und Rechtsprechung

____

- ☐ Politik

  ____

- ☐ Spiritualität und Religion

  ____

- ☐ Mode und Bekleidung

  ____

- ☐ Umwelt und Natur

  ____

- ☐ Werbung

  ____

- ☐ Touristik

  ____

- ☐ Sonstige Dienstleistungen

  ____

- ☐ Private Haushalte mit Hauspersonal

  ____

- ☐ ...

  ____

☐ ...

☐ ...

Bitte ergänzen Sie die Branchen bei Bedarf und beschreiben Sie Ihr Einsatzfeld im Folgenden etwas genauer:

Zu beachten ist, dass Rolle und Branche zusammen den Beruf ergeben: Zum Beispiel Koordinator und Organisator (Rolle) am Theater (Branche: Kunst und Kultur) ergibt den Beruf Dramaturg. Oder Entwickler (Rolle) in der Software-Branche ergibt den Beruf Programmierer. Berater (Rolle) und die Branche Banken und Versicherungen ergibt beispielsweise den Beruf Finanzberater. Sowohl die Rolle, die Sie anstreben, als auch die Branche sollten Sie zusammen mit der betrieblichen Funktion genau analysieren und festlegen. So kreisen Sie Ihre Berufung wiederum ein Stück mehr ein. Vielleicht hat Ihnen Ihre Rolle bislang durchaus zugesagt, aber Sie möchten gerne in einer weniger konservativen und vielleicht kreativeren Branche arbeiten? Vielleicht möchten Sie sich auch weiterentwickeln und eine höhere Position erreichen? Oder aber Rolle, Position und Branche stimmen, nur Sie möchten gern den Arbeitgeber wechseln? Oder Sie möchten gerne in einen anderen betrieblichen Funktionsbereich wechseln, weil Sie dieser mehr interessieren würde?

Stellen Sie bitte zu diesen Themen ausführliche und detaillierte Überlegungen an, damit Sie Ihre Berufung möglichst genau auf den Punkt bringen:

____

____

____

____

____

____

____

Im folgenden Kapitel werden Sie Ihre wahre Berufung, die Sie bislang Mosaikstein für Mosaikstein herausgearbeitet haben, zu einem konkreten Berufsbild – Ihrem Traumjob – verdichten.

Dritter Schritt: Auswertung und Verdichtung Ihrer wahren Berufung zum Traumjob

> Sie werden Ihren Weg erkennen, wenn Sie auf ihn treffen, denn dann haben Sie plötzlich all die Energie und Fantasie, die Sie immer schon gewollt haben.
>
> [Jenny Gillies]

Im Folgenden werden Sie zunächst mit Ihrem bewussten Verstand eine Auswertung Ihrer wahren Berufung vornehmen und diese zu Ihrem Traumjob verdichten. Dabei werden Sie unterschiedlich weit kommen, je nachdem, wie weit Ihr innerer Erkenntnisprozess bereits fortgeschritten ist. Dann erfahren Sie, welche Rolle Ihr Unbewusstes bei diesem Prozess der Selbsterkenntnis spielt und wie Sie durch Intuition und Inspiration weitere Erkenntnisse erlangen und lernen, wie Sie diese gezielt beeinflussen können.

1. Die Eckdaten ihrer Berufung zusammengefasst

In die folgende Tabelle können Sie nun die Eckdaten Ihres Traumjobs zusammenfassend eintragen. Bitte tragen Sie jeweils bis zu fünf maßgebliche Faktoren ein.

Berufliche Ziel- und Wunschvorstellungen	Notizen
Prägende Faktoren Ihrer Persönlichkeit	
Welche Merkmale zeichnen Ihre Persönlichkeit aus?	
Ihre wesentlichen Prägungen	
Ihre natürlichen motivierenden Fähigkeiten	
Ihre Werte	
Ihre zentralen Lebensmotive	
Ihr Persönlichkeitsprofil	
Motivierende Umgebungsfaktoren	
Interessen	
Begabungen	
Der rote Faden in Ihrem Leben	

Berufliche Ziel- und Wunschvorstellungen	Notizen
Tätigkeit/Zielposition	
Arbeitsthemen	
Aufgaben	
Arbeitsmotive	
Arbeitsresultate	
Welche Rolle möchten Sie ausüben?	
Welche Position möchten Sie einnehmen?	
In welcher betrieblichen Funktion möchten Sie arbeiten?	
Aus welchen Branchen bringen Sie Erfahrungen mit und in welcher möchten Sie zukünftig arbeiten?	

Berufliche Ziel- und Wunschvorstellungen	Notizen
Arbeitsform und Arbeitsumgebung	
Festanstellung oder freiberufliche/ selbstständige Tätigkeit?	
Voll- oder Teilzeitstelle?	
Ideale Arbeitszeiten (Feste Arbeitszeit/Gleitzeit etc.)	
Möchten Sie eine Aufgabe mit Reisetätigkeit wahrnehmen (Außendienst)?	
Welche Arbeitsumgebung wünschen Sie sich? (Großstadt, Stadt, Dorf, auf dem Land)?	
Art des Arbeitsplatzes (Büro, Werkstatt, Fabrikhalle, Atelier etc.)	

Berufliche Ziel- und Wunschvorstellungen	Notizen
Kollegen und Zielgruppe	
Was für Kollegen wünschen Sie sich?	
Art der Zusammenarbeit (allein, mit anderen zusammen, für einen Chef, für mehrere Chefs etc.)	
Für welche Zielgruppe möchten Sie arbeiten? a) (Kunden, Klienten, Patienten, Lernende etc.)	
b) (Kleinkinder, Kinder + Jugendliche, Erwachsene, Senioren, Kranke, Behinderte, Suchtkranke, psychisch Kranke etc.)	
Verantwortungsbereich	
Möchte ich eine Führungsposition und damit Mitarbeiterverantwortung übernehmen?	
Möchte ich Umsatz- oder Budgetverantwortung?	
Ist diese Verantwortung mit entsprechendem zeitlichen Einsatz verbunden? Kann u. will ich diesen leisten?	

Berufliche Ziel- und Wunschvorstellungen	Notizen
Art von Unternehmen/Organisation	
Klein- oder mittelständisches Unternehmen? Großunternehmen?	
Art des Unternehmens (Profit, Non-Profit, öffentlicher Dienst)	
Internationalität des Unternehmens: Möchten Sie Fremdsprachen einsetzen? Wenn ja, welche? Sind Sie bereit, für eine gewisse Zeit ins Ausland zu gehen?	
Mobilität	
Wie mobil sind Sie? Würden Sie auch umziehen? Auch ins Ausland?	
Einkommen	
Welches Einkommen können bzw. möchten Sie erzielen? Wie viel brauchen Sie mindestens zum Leben?	

Berufliche Ziel- und Wunschvorstellungen	Notizen
Knock-out-Kriterien: Allgemein	
Gibt es Ausschlusskriterien für bestimmte Positionen oder für bestimmte Unternehmen/Branchen? (z. B. keine Reisetätigkeit, kein Großunternehmen etc.)	
Knock-out-Kriterien aus Gewissensgründen	
Gibt es Ausschlusskriterien für bestimmte Branchen oder Unternehmen aus Gewissensgründen? (z. B. Rüstungsindustrie, Atomindustrie, Pharmabranche (Tierversuche) etc.)	
Weitere Kriterien, die für Sie wichtig sind . . .	

Nachdem Sie gerade die Eckdaten Ihres Traumjobs skizziert haben, werden Sie im Folgenden ein konkretes Berufsbild entwickeln und formulieren, das Ihrem Traumjob entspricht.

2. Ihr Traumjob: Auswertung und Verdichtung

Jetzt ist der Moment gekommen, die Erkenntnisse, die Sie bislang gewonnen haben, zu einer beruflichen Tätigkeit, Ihrem persönlichen Traumjob, zu verdichten. Dieser lässt sich leider nicht ausschließlich mit dem rationalen Verstand logisch herleiten, sondern es ist letztlich ein kreativer Akt, der auf den Erkenntnissen von Schritt Eins "Wer bin ich?" und Schritt Zwei „Was will ich?" aufbaut. Außerdem sind bei circa 25.000 verschiedenen Berufen, die es weltweit gibt und zu denen täglich neue hinzukommen, unter Umständen mehrere Möglichkeiten vorhanden.

Zur Entwicklung Ihres Traumjobs gehen Sie bitte in folgenden Schritten vor:

1. Schritt:

- Nehmen Sie Ihre natürlichen, motivierenden Fähigkeiten, für die Sie sich in Kapitel 4.1, Schritt Eins (S. 52 f.), entschieden haben (max. 10).

2. Schritt:

- Nehmen Sie Ihre Interessen, die Sie in Kapitel 5, Schritt Eins (S. 94 ff.) herausgearbeitet haben.

3. Schritt:

- Nehmen Sie Ihre Begabungen hinzu, die Sie gerne ausbauen möchten. Möchten Sie aus einer dieser Begabungen einen Beruf machen?

4. Schritt:

- Suchen Sie die Themen bzw. Bereiche aus, mit denen Sie arbeiten wollen:
  - Menschen
  - Zahlen, Daten, Informationen, Wissen und Konzepte
  - Ideen und Kreativität
  - Maschinen, Werkzeuge, Materialien.

5. Schritt:

- Formulieren Sie ein Berufsbild; sagen Sie, was genau Sie gerne machen möchten.
- Nennen Sie Kenntnisse, die Sie dabei einsetzen bzw. entwickeln wollen.
- Welche Arbeitsthemen und –aufgaben wünschen Sie sich konkret? (Siehe Kapitel 2 und 3, Schritt Zwei (S. 122 ff.))

6. Schritt:

- Nehmen Sie Ihre zentralen Lebensmotive, bei denen Sie eine starke Ausprägung haben, die Sie in Kapitel 4.3, Schritt Eins (S. 59 ff.), herausgearbeitet haben.

7. Schritt:

- Überprüfen Sie, inwieweit ihr formuliertes Berufsbild mit Ihren Persönlichkeitsmerkmalen, Ihren Prägungen und Ihren Werten aus Schritt Eins harmoniert. Und inwieweit finden Sie bei diesem Berufsbild Ihre Sie motivierenden Umgebungsfaktoren vor, die Sie in Kapitel 4.5, Schritt Eins (S. 91 f.), herausgearbeitet haben?

Veranschaulichung an einem Beispiel

1. Schritt:

- Die natürlichen, motivierenden Fähigkeiten
  - beraten, unterrichten, Konzepte entwickeln, planen, verbessern, mit PC arbeiten, schreiben, kreativ denken

2. Schritt:

- Interessen
  - Menschen bei der beruflichen (Neu-)Orientierung coachen
  - Menschen bei beruflichen Fragen beraten
  - Menschen in ihrer persönlichen Entwicklung unterstützen
  - Anderen Menschen etwas beibringen
  - Bücher schreiben

3. Schritt:

- Begabungen
  - mich schriftlich und mündlich gut ausdrücken zu können
  - Wissen vermitteln zu können
  - Einfühlungsvermögen
  - intensive Vier-Augen-Gespräche führen können
  - neue (Seminar-)Konzepte entwickeln zu können
  - Kreativität

4. Schritt:

- Themen/Dinge/Bereiche, mit denen ich arbeiten möchte:
  - Arbeit mit Wissen, Ideen und Konzepten, das bzw. die ich anderen Menschen vermitteln möchte
  - Beratung meiner Klienten auf ihrem Weg zum Traumjob

5. Schritt:

- Berufsbild
  - Arbeit als selbständiger, freiberuflicher Karriereberater, Trainer, Life Coach, Buchautor und Redner
- Kenntnisse bzw. Know-how, die bzw. das eingesetzt werden soll(en)
  - Mein spezielles Berufsfindungs-Know-how
  - Finanzberatungs-Know-how (aus meiner Zeit als Finanzberater)
  - Bewerbungs- und Karriere-Know-how
  - Know-how bezüglich Teamarbeit und Teamentwicklung (noch zu entwickeln)
  - Know-how als Life Coach

- Welche Arbeitsthemen und -aufgaben ich mir wünsche
  - Menschen bei ihrer persönlichen Entwicklung unterstützen / coachen
  - Menschen zur beruflichen Zufriedenheit führen
  - Bücher schreiben

- Reden z. B. zur richtigen Berufswahl halten, z. B. bei Jobmessen oder vor Schulabgängern
- Gemeinsam mit Seminarteilnehmern bestimmte Erkenntnisse bzw. Wissen erarbeiten

6. Schritt:

▸ Abgleich mit meinen zentralen Lebensmotiven

- *1. Lebensmotiv: Macht*
  Diese kann ich vor allem in meiner Tätigkeit als Trainer befriedigen, aber auch als Karriereberater und Coach.
- *2. Lebensmotiv: Neugier*
  Dieses Motiv kann ich sowohl als Coach als auch als Buchautor befriedigen, da ich mich hier immer wieder mit neuen Themen bzw. Menschen befasse; zudem lese ich sehr viel.
- *3. Lebensmotiv: Rache, Kampf, Wettbewerb*
  Mein Bedürfnis nach Wettbewerb befriedige ich einerseits beim Sport, wo ich in einer Altherrenmannschaft Fußball spiele. Andererseits stehe ich als selbständiger Unternehmer täglich im Wettbewerb mit Mitbewerbern.
- *4. Lebensmotiv: Essen und Genießen*
  Mein Bedürfnis nach leckerem Essen befriedige ich durch regelmäßige Restaurantbesuche etwa einmal pro Woche. Abgesehen davon belohne ich mich auch für kleine Erfolge bzw. die Erreichung von Zwischenzielen, wie zum Beispiel der Fertigstellung eines Kapitels dieses Buches, etwa mit einem Besuch im Thermalbad.
- *5. Lebensmotiv: Körperliche Aktivität*
  Dieses Motiv befriedige ich durch regelmäßigen Sport etwa zweimal pro Woche (einmal Fußball und einmal Schwimmen) und fast tägliche Spaziergänge in der Natur.

7. Schritt:

▸ Bei den entdeckten Tätigkeiten kann ich meine wichtigsten Persönlichkeitsmerkmale Neugier, Kreativität, Einfühlungsvermögen, Leistungsorientierung, Selbständigkeit, Ehrlichkeit, Willensstärke, Ausdauer und Zuverlässigkeit einsetzen und ausleben.

- Meine wichtigste Prägung war sicherlich meine Midlife-Crisis in der Endphase als Finanzberater, die zu einem Burnout führte und mich letztlich dazu motivierte, gezielt, ausdauernd und systematisch nach meiner wahren Berufung zu suchen.
- Wenn ich meine Berufung als Karriereberater, Trainer, Coach, Redner und Autor lebe, harmoniert dies mit meinen wichtigsten Werten Erkenntnis, Weisheit, Autonomie, Fairness und Verlässlichkeit.
- Außerdem finde ich als Selbständiger die wichtigsten mich motivierenden Umgebungsfaktoren vor, wie abwechslungsreiche Aufgaben, flexible Arbeitsbedingungen, ein angenehmes Arbeitsklima, die Schulung und Beratung anderer sowie keine Kontrolle und Aufsicht, also Unabhängigkeit.

Insgesamt sind bei der selbständigen Tätigkeit als Karriereberater, Trainer, Coach, Redner und Autor alle wichtigen Eckdaten meiner Berufung erfüllt. Nach diesem Beispiel sollen Sie jetzt bitte den Kern Ihrer wahren Berufung skizzieren und zu Ihrem persönlichen Traumjob verdichten.

Der Kern Ihrer wahren Berufung

1. Schritt:

- Ihre natürlichen, motivierenden Fähigkeiten

  - ____

    ____
  - ____

    ____
  - ____

    ____

- ____
  ____
- ____
  ____

2. Schritt:

► Ihre Interessen

- ____
  ____
- ____
  ____
- ____
  ____
- ____
  ____
- ____
  ____

3. Schritt:

► Ihre Begabung(en), die Sie zu einem Beruf ausbauen möchten

- ____
  ____

- ______________________________

  ____
- ______________________________

  ____
- ______________________________

  ____
- ______________________________

  ____

4. Schritt:

▸ Themen/Dinge/Bereiche, mit denen Sie arbeiten möchten

- ______________________________

  ____
- ______________________________

  ____
- ______________________________

  ____
- ______________________________

  ____

- ____

  ____

5. Schritt:

- Formulierung eines Berufsbildes bzw. Ihres Traumjobs

  - ____

    ____

  - ____

    ____

  - ____

    ____

  - ____

    ____

  - ____

    ____

- Kenntnisse, die Sie einsetzen möchten

  - ____

    ____

  - ____

    ____

- ____

  ____
- ____

  ____
- ____

  ____

▸ Welche Arbeitsthemen und -aufgaben wünschen Sie sich?

- ____

  ____
- ____

  ____
- ____

  ____
- ____

  ____
- ____

  ____

6. **Schritt:**

- Abgleich mit Ihren zentralen Lebensmotiven
  - 1. Lebensmotiv

    ___

    ___

    ___

  - 2. Lebensmotiv

    ___

    ___

    ___

  - 3. Lebensmotiv

    ___

    ___

    ___

  - 4. Lebensmotiv

    ___

    ___

    ___

- 5. Lebensmotiv

___

___

___

- 6. Lebensmotiv

___

___

___

- 7. Lebensmotiv

___

___

___

7. Schritt:

▸ Überprüfen Sie, inwieweit ihr formuliertes Berufsbild mit Ihren Persönlichkeitsmerkmalen, Ihren Prägungen und Ihren Werten aus Schritt Eins harmoniert. Und inwieweit finden Sie bei diesem Berufsbild Ihre Sie motivierenden Umgebungsfaktoren vor, die Sie in Kapitel 4.5, Schritt Eins (S. 91 f.) herausgearbeitet haben?

- Persönlichkeitsmerkmale

___

___

___

- Ihre Prägungen

____

____

____

- Ihre Werte

____

____

____

- Ihre Sie motivierenden Umgebungsfaktoren

____

____

- Nachdem Sie gerade Ihren Traumjob soweit entwickelt und skizziert haben, wie es Ihnen mit Ihrem bewussten Verstand möglich ist, erfahren Sie im Folgenden, welche Rolle Ihr Unbewusstes und damit Intuition und Inspiration bei der Entdeckung Ihrer Berufung spielen.

3. Die Bedeutung von Intuition und Inspiration für den Berufungsprozess

Pro Sekunde treffen nach vorsichtigen Schätzungen mehr als 11 Millionen Bits in unser Gehirn ein. Nur ein Bruchteil schafft es bis ins Bewusstsein. Hirnforscher schätzen, dass uns weniger als 0,1 Prozent dessen, was das Gehirn tut, aktuell bewusst wird. Hinzu kommt die beschränkte Kapazität unserer Ratio. Der bewusste Verstand wird nur mit einer äußerst geringen Informationsmenge fertig. Sobald diese kritische Grenze überschritten ist, ist er überfordert und bricht zusammen. Insgesamt bewältigt unser bewusster Verstand maximal 50 Bits pro Sekunde.[37]

Damit gleicht unser Geist einem Eisberg, dessen Großteil, das Unbewusste, sich zu 90 Prozent unter der Wasseroberfläche befindet, während lediglich die Spitze, dass Bewusstsein, herausragt.

Ein Vorteil unseres Verstandes ist seine Präzision. Unser bewusstes Denken ist zwar fokussiert, verliert aber durch seine Fixierung aufs Detail schnell das große Ganze aus den Augen. Wie im Theater wird zwar das Gesicht des Schauspielers in jedem Detail beleuchtet, doch die Bühne und der Rest des Theaters liegen im Dunkeln. Der Verstand hat keine Ahnung, dass außerhalb seines Lichtkegels noch eine ganze Welt existiert. Das Unbewusste dagegen, aus dem sich auch unsere intuitiven Urteile speisen, ähnelt eher einem schwachen Flutlicht, mit dem man zwar nicht jede Feinheit sehen kann, aber es werden die Umrisse der ganzen Bühne und des Theaters sichtbar. Alles wird ein bisschen beleuchtet. Diese Strategie erweist sich gerade bei komplexen Aufgaben, wie dem Aufspüren der eigenen Berufung, als Vorteil.

Die Schlüsse des Unbewussten bezeichnen wir als Intuition. Sie äußern sich beispielsweise mit einem komischen Gefühl im Bauch, den sogenannten somatischen Markern, die das Vermeidungs- und Annäherungsverhalten steuern. Dabei sind Körpersignale für gute Entscheidungen unentbehrlich.[38] So empfiehlt Michael Despeghel, auf die Signale des Körpers zu hören: „Achten Sie darauf, welche Situationen Ihnen gute oder ungute Gefühle bescheren und schenken Sie Körperreaktionen Aufmerksamkeit."[39] Dabei ist die Art, wie somatische Marker wahrgenommen werden, individuell unterschiedlich. Wichtig ist allein, dass Sie selbst Ihr eigenes

Signalsystem kennen, um es effizient nutzen zu können.[40] Intuition beruht auf dem Erfahrungswissen, dass wir im Laufe unseres Lebens erworben haben. Auf der Grundlage der Erfahrungen, die wir bereits gemacht haben, bewertet unser Gehirn blitzschnell den aktuellen Sachverhalt und kommt so rasch zu einem Urteil. Allerdings kann es so auch vorkommen, dass die Intuition sich irrt.[41]

Beispielsweise sagt Friedrich Hagenmüller, der nach 40 Berufsjahren als Arzt als Koryphäe im Bereich Gastroenterologie gilt, dass medizinisches Handeln nur zu 20 Prozent auf wissenschaftlich bewiesenen Tatsachen beruht und zu 80 Prozent auf Erfahrung, Psychologie und handwerklichem Geschick.

Die bereits erwähnten somatischen Marker können Ihnen wertvolle Hinweise auf verborgene Talente geben und zwar auf drei verschiedenen Wegen:

1. Szenen aus der Vergangenheit, die Sie sich ins Gedächtnis rufen, rufen bei Ihnen ein Wohlgefühl hervor.
2. Sie malen sich positive Visionen aus und stellen dabei fest, dass diese sich gut anfühlen.
3. Sie probieren neue Verhaltensweisen aus und es zeigt sich auch hier: Das fühlt sich gut an.[42]

Dabei weiß das Unbewusste nicht, wie es zu seinen Schlüssen kommt. Aber es kann unser Verhalten lenken, ohne dass wir auch nur das Mindeste davon mitbekommen. Es fällt stillschweigend ein Urteil und steuert dann automatisch unser Verhalten in eine bestimmte Richtung. Und es entzieht sich weitgehend unserer Kontrolle. Seine Schlüsse lassen sich nur schwer analysieren und in Worte fassen.

Wenn es aber wirklich darauf ankommt, sollten wir uns nicht auf den Verstand verlassen, sondern auf unsere Intuition. Schon Sigmund Freud sagte, dass bei lebenswichtigen Dingen, wie der Wahl eines Partners oder eines Berufes, die Entscheidung aus dem Unbewussten kommen sollte.

Es zeigt sich, dass das Unbewusste schon nach einem kurzen Zeitraum dem bewussten Verstand überlegen sein kann. Würde man dem Unbewussten mehr Zeit lassen, wäre es noch viel besser. Die alte Regel, bei wichtigen Entscheidungen, eine Nacht drüber zu schlafen, scheint eine kluge Strategie zu sein. Das heißt: Es kommt darauf an, seinem Unbewussten Zeit zu lassen. Je komplexer und schwieriger die Entscheidung, umso mehr Zeit sollte man dem Unbewussten lassen. Dann stehen die Chancen gut, dass unbewusste mentale Prozesse über kurz oder lang eine Lösung bringen.

Aber selbst das Unbewusste kann keine gute Entscheidung treffen, wenn Sie es nicht vorher mit den relevanten Informationen gefüttert haben. An dieser Stelle kommt der Verstand ins Spiel. Dieser dient dazu, Sie zunächst zum Experten in eigener Sache zu machen – wie Sie es in den bisherigen Kapiteln dieses Buches getan haben – und dann, wenn es sich um etwas Komplexes handelt, nicht weiter bewusst über die Sache nachzudenken. Zwischenfazit: Wenn es komplex wird, wie bei der Berufung, sollten Sie die Entscheidung nicht mit dem bewussten Verstand treffen, sondern allmählich aus Ihrem Unbewussten auftauchen lassen. Hier können Meditationen und Fantasiereisen unterstützend eingesetzt werden.

Wenn Sie sich also intensiv mit Ihrer Berufung befasst haben und alle Übungen, Fragen und Checklisten in diesem Ratgeber zum Selbstcoaching bearbeitet haben, schlägt die Stunde der Intuition. Jetzt gilt es, nicht mehr bewusst zu überlegen, nicht zu grübeln, sondern nur alle Informationen mit sich herumzutragen. Irgendwann wird Ihnen Ihr Unbewusstes die Lösung von ganz alleine präsentieren – üblicherweise in Gestalt des Traumjobs, für den Sie vielleicht das eine oder andere Opfer bringen bzw. ein Zugeständnis machen müssen.

Die eigene Berufung kann aber auch in Form von Inspiration zu uns kommen. Inspiration ist der Moment, in dem uns durch eine Art Eingebung eine tiefergehende Wahrheit schlagartig klar wird. So, als ob uns jemand die Lösung für ein schwieriges Problem eingeflüstert hätte.[43] Man sagt dann auch, er oder sie ist von der Muse geküsst worden. Wenn man Inspiration erlebt, weiß man einfach, dass etwas richtig ist. Es ist ein Moment höchster Kreativität und Wachheit sowie des Einklangs mit sich selbst.[44] So ist es manch einem schon passiert, dass eine entscheidende Erkenntnis in Form eines Geistesblitzes unter der Dusche oder beim Joggen über ihn gekommen ist, also in einem Moment der mentalen Entspannung.

Das Unbewusste ist ein intelligenter, denkender Schwamm. Es saugt alle Informationen der Umgebung in sich auf, ob wir wollen oder nicht. Es filtert die relevanten Informationen für uns heraus und kann denken.

Und das Unbewusste handelt auch: Es steuert unser Verhalten, ohne uns zu belästigen, ohne uns zu fragen und ohne Rücksicht darauf, ob uns überhaupt gefällt, dass und wohin es uns steuert. Das Unbewusste komprimiert Informationen zu Intuitionen.

Unser Ich besteht nicht aus einer Einheit, sondern aus mehreren Instanzen. Zwei solcher Instanzen sind das Sprach-Ich und das Erfahrungs-Ich. Das Sprach-Ich ist jenes Ich, das auch „Ich" sagt. Es ist sich seiner selbst bewusst und orientiert sich daran, was in unserer Gesellschaft angesagt und angesehen ist. Mit dem Sprach-Ich setzen wir unsere bewussten Ziele, wie etwa „Ich will Künstler werden" oder „Ich möchte später einmal viel Geld verdienen" etc.

Dann jedoch, wenn sich das Sprach-Ich für etwas entschieden hat, meldet sich das Erfahrungs-Ich. Das sind alle im Unbewussten gespeicherten früheren Erfahrungen einer Person. Je erfahrener jemand ist, desto zuverlässiger funktioniert es.[45] Und es kommen dann unsere verborgenen Motive zum Vorschein, und zwar nonverbal über unsere Gefühle, unseren Körper und unser Verhalten. Gefällt dem Erfahrungs-Ich die Situation, setzt es ungeahnte Energien frei: Leistungsmotivierte rackern sich plötzlich wie besessen an einer Aufgabe ab, Beziehungsmotivierte blühen in Gegenwart eines Ihnen sympathischen Menschen auf und machtmotivierte Menschen ziehen alle Register, damit andere Menschen sich aus ihrer Sicht zielkonform verhalten.

Fehlt umgekehrt dem Erfahrungs-Ich die Motivation, bleibt der Energieschub aus. Wir sind dann lau, lustlos und müssen uns dazu zwingen, das zu tun, wofür sich unser Sprach-Ich entschieden hat.

Es kommt also darauf an, dass wir uns im Alltag mit unserem bewussten Sprach-Ich möglichst für Dinge entscheiden, die unserem unbewussten Erfahrungs-Ich liegen. Letztlich entscheidet derjenige klug, der Erkenntnisse aus seinem unbewussten Erfahrungs-Ich und seine bewusste Verstandestätigkeit miteinander koordiniert, ihre jeweiligen Stärken und Schwächen kennt und sie darum situationsgerecht einzusetzen versteht.[46] Übrigens kann nur dort, wo eine Situation den Bedürfnissen des Erfahrungs-Ichs entspricht, ein Flow-Gefühl entstehen – jenes Glücksgefühls, in dem die Zeit zu verfliegen scheint und man in dem, was man gerade tut, völlig aufgeht.

Wenn man sich aber mit seinem Sprach-Ich chronisch über seine Bedürfnisse und Gefühle hinwegsetzt, besteht die Gefahr, dass Sie den Kontakt zu Ihrem Erfahrungs-Ich verlieren. Die beiden Ich´s koppeln sich voneinander ab. Das Resultat ist innere Zerrissenheit und Selbstentfremdung und kann zu einer Krankheit führen, wie es mir wiederfahren ist, als ich vier Jahre als Finanzberater gearbeitet habe und täglich Dinge getan habe, hinter denen ich nicht wirklich stand bzw. gegen die sich mein Erfahrungs-Ich heftig gewehrt hat.

Um so etwas Komplexes herauszufinden wie Ihre Berufung können Sie aufbauend auf diesen Erkenntnissen unterstützend zu den bisherigen Übungen die Strategie der Selbstbeobachtung anwenden.

Anstatt sich selbst, also Ihr bewusstes Sprach-Ich zu fragen, was Sie wollen, nähern Sie sich Ihren unbewussten Vorlieben, indem sie einmal versuchen, sich von außen zu beobachten und dabei auf Dinge achten, wie zum Beispiel:

Fällt Ihnen vielleicht auf, dass Sie gewisse Aktivitäten immer wieder verfolgen, obwohl diese nicht zu Ihren eigentlichen Aufgaben gehören und es keine explizite Belohnung dafür gibt? Bei welchen Tätigkeiten und Arbeiten vergessen Sie, dass Sie gerade arbeiten? Was tun Sie spontan, obwohl Sie niemand fragt oder gar zwingt, sondern einfach nur, weil es Ihnen Spaß macht? Weil sich Ihr Erfahrungs-Ich nicht sprachlich äußert, sondern über Ihre Gefühle und Ihr spontanes Verhalten kommuniziert, kommt es darauf an, eben diese zu beobachten und daraus Schlüsse über Ihre unbewussten Bedürfnisse zu ziehen. Beispielsweise kann es sein, dass Sie vielleicht ein Ziel verfolgen, dass Sie sich mit Ihrem Verstand vorgenommen haben, doch wenn Sie es schließlich erreichen, stellt sich weder ein Erfolgserlebnis noch ein Glücksgefühl ein. Das kann ein Zeichen dafür sein, dass es sich bei dem Ziel lediglich um ein Ziel Ihres bewussten Sprach-Ichs handelt, aber nicht um eins, das Ihren unbewussten Bedürfnissen, Ihrem Erfahrungs-Ich, entspricht. Als Folge ist bei der Zielerreichung zwar Ihr Verstand befriedigt, aber Ihre Gefühle sind es nicht. Ein solches Ziel entspricht dann auch nicht Ihren zentralen Lebensmotiven nach Reiss, wie Sie sie in Kapitel 4.3 des ersten Schrittes herausgearbeitet haben.

Ein anderer Weg zum Unbewussten besteht darin, eine Fantasiereise zu unternehmen, um weitere Informationen über Ihre wahre Berufung herauszufinden.

4. Die Reise nach Innen – eine Fantasiereise

Grübeln Sie deshalb nicht, sondern träumen Sie! Sie können noch so gründlich nachdenken, aber Sie kommen Ihren innersten Bedürfnissen trotz aller Gründlichkeit keinen Schritt näher. Meditative Techniken sind hierzu viel besser geeignet. Gerade bei wichtigen und komplexen Zielen sollte man nicht nur seinen bewussten Verstand befragen, sondern seiner Fantasie freien Lauf lassen und das, was dabei herauskommt, ernst nehmen. Daher empfehle ich Ihnen, folgende Fantasiereise zu unternehmen. Das heißt aber nicht, ganz und gar auf den Verstand zu verzichten. Wir brauchen diesen, um unsere Fantasien auf ihre Verankerung in der Realität und auf ihre Durchführbarkeit hin zu überprüfen. Sie können darüber, ob sich Ihre Träume auch realisieren lassen, immer noch lange genug nachdenken. Zuerst jedoch sollten Sie mit folgender Fantasiereise herausfinden, worin Ihre Träume im Zusammenhang mit Ihrer Berufung bestehen.

Da sich Ihre Berufung im Unbewussten befindet, haben Sie nur bedingt Zugriff auf diese. Beschäftigen Sie sich schon länger mit dem Thema, ist die eine oder andere Erkenntnis vermutlich bereits in Ihr Bewusstsein durchgesickert. Zusätzlich zu den bisher vorgestellten Übungen können Sie eine gezielte Fantasiereise unternehmen, um Ihr Unbewusstes zum „Nachdenken" anzuregen.[47] Setzen oder legen Sie sich nun bequem hin und schließen Sie Ihre Augen. Atmen Sie zehn Mal entspannt, bewusst und tief ein und aus. Lassen Sie den Atem einfach kommen und beobachten Sie, wie er sich ruhig und tief durch Ihren Körper bewegt. Denken Sie jedes Mal: „Ich bin ganz ruhig und entspannt." Horchen Sie nun in sich hinein. Wenn Sie mögen, können Sie sich vorstellen, wie aus Ihren Füßen oder Ihrem Körper Wurzeln wachsen, die Sie mit dem Boden und der Erde verbinden. Die Wurzeln sichern Ihre innere Reise, sodass Sie sich immer leichter entspannen und für die Bilder aus Ihrem Innern öffnen können. Für die Bilder und Wahrnehmungen, die gleich in Ihnen aufsteigen werden und die aus Ihrem Unbewussten und aus Ihrer Seele kommen. Die Bilder, die Ihnen zeigen, welche Träume Sie zu Ihrem inneren Wesenskern zurückführen.

Bitten Sie Ihre Seele nun um Unterstützung und Inspiration. Bitten Sie darum, dass Ihnen die Dinge gezeigt werden, die wirklich zu Ihnen gehören und Ihren Begabungen entsprechen. Bitten Sie darum, dass Sie Ihre wahren Träume erkennen können. Nämlich die Träume, die Sie wirklich ausmachen und die nur zu Ihnen gehören.

Nun geht es um den Beruf Ihrer Träume, Ihre wahre Berufung. Nehmen Sie als erstes wahr, wie diese in Ihrem Traum aussieht. Was tun Sie gerade? Welche Kleidung tragen Sie? Wie ist Ihre Körperhaltung? Wie ist Ihr Gesichtsausdruck, wie fühlen Sie sich?

Wo sind Sie während Ihrer Arbeitszeit? Sind Sie in einer Stadt oder auf dem Land? Hier in Deutschland, in Österreich, der Schweiz oder in einem anderen Land? Wie sind Sie dort hingekommen? Mit dem Auto, der Bahn, dem Flieger, dem Fahrrad oder zu Fuß? Oder sind Sie gerade in Ihrer Werkstatt oder Ihrem Homeoffice?

Wie sieht es in Ihrem Arbeitsraum (Werkstatt oder Büro) aus? Ist es ein großer oder ein kleiner Raum? Sind viele Dinge oder Geräte darin, oder ist er eher luftig eingerichtet? Welche Möbel stehen im Raum? Ist es eher warm oder kühl? Eher hell oder eher dunkel? Und wie sieht es an Ihrem Arbeitsplatz aus? Eher chaotisch oder ordentlich und aufgeräumt? Und was können Sie sehen, wenn Sie aus dem Fenster schauen?

Was genau tun Sie da jetzt? Hat es mit Menschen zu tun oder mit Dingen oder vielleicht mit Tieren oder etwas anderem? Wer ist außer Ihnen noch da? Arbeiten Sie allein oder im Team? Was machen Sie in der Mittagspause? Womit beschäftigen Sie sich? Mit wem sind Sie zusammen? Sind Sie für einen Bereich alleine verantwortlich oder sind Sie vielleicht eine Führungskraft? Können Sie selbst Ihre Entscheidungen treffen oder erhalten Sie Aufträge, die Sie dann ausführen?

Wie sind Ihre Arbeitszeiten? Arbeiten Sie nach Ihrem eigenen Rhythmus oder haben Sie fest vorgegebene Zeiten? Und wie viel verdienen Sie? Bekommen Sie ein festes Gehalt oder variiert es stark? Was ist sonst noch in Ihrem Traumjob von Bedeutung? Welche Perspektiven eröffnen sich für Sie durch ihn und wohin wollen Sie sich in den nächsten Jahren noch entwickeln? Wo wollen Sie in drei, in fünf und in zehn Jahren stehen?

Nun beenden Sie diese Fantasiereise, indem Sie fünf bewusste tiefe Atemzüge machen und öffnen Sie mit dem fünften Atemzug wieder Ihre Augen. Orientieren Sie sich in dem Raum, in dem Sie sich gerade befinden.

Und? Sind Ihnen gute Gefühle und Ideen gekommen? Bitte notieren Sie, was Ihnen während dieser Fantasiereise durch den Sinn gegangen ist und was für Bilder Sie gesehen oder was Sie dabei gefühlt haben:

Vielleicht zeigt sich die Lösung gar nicht während dieser Fantasiereise, sondern zu einem späteren Zeitpunkt? Vielleicht morgens unter der Dusche oder bei einer längeren Autofahrt? Ihr Unbewusstes arbeitet nämlich ständig weiter: Tagsüber und auch nachts, wenn Sie schlafen. Machen Sie deshalb weiter und unternehmen Sie obige Fantasiereise öfter, wenn es Ihnen liegt, sich in dieser Form selbst zu erkunden.

Sich auf die Intuition zu verlassen, um seine Berufung zu finden, erfordert Mut. Wenn der Mut aber nicht ausreicht, nimmt der Leidensdruck im Zeitablauf stetig zu.

Zusätzlich zu Fantasiereisen kommen Achtsamkeit und Meditation als weitere Wege in Frage, um Zugang zu Ihrer inneren Stimme, Ihrer Intuition, zu erlangen.

5. Achtsamkeit und Meditation

Um zu unserer wahren Berufung zu gelangen, sind Erfahrungen in der Stille äußerst hilfreich. Zwar sind die Räume der Stille geringer geworden, aber wer seine innere Stimme wahrnehmen will, muss sich diese zurückerobern. In Deutschland ist dies nicht ganz so leicht, weil es bei uns nur wenige Orte gibt – zumindest in der freien Natur – wo es keinerlei Zivilisationsgeräusche gibt. Wer sich aber in die Stille zurückgezogen hat, kann meist von Erfahrungen berichten, die ihn zufrieden und erfüllt sein ließen.

Das erste Mal in absoluter Stille in der Natur war ich in einem Wald in *Flagstaff* in unmittelbarer Nähe des Grand Canyon in Arizona in den USA. Es war Januar, der Wald war verschneit und wir waren die einzigen Menschen weit und breit und die Stille war eine neue und wertvolle Erfahrung für mich.

Sie können übrigens gezielt etwas tun, um Ihre innere Stimme besser zu hören: Sie können sich in die Stille zurückziehen und die Praxis von Achtsamkeit und Meditation üben. Dazu muss man sich nicht unbedingt in die Natur begeben, sondern kann dies auch zu Hause tun.

Achtsamkeit

Achtsamkeit bedeutet, den unmittelbaren Augenblick mit allen Sinnen wahrzunehmen und soweit es möglich ist, ihn zu genießen. Im Grunde bedeutet dies nichts anderes, als sich voll und ganz auf den Augenblick zu konzentrieren. Also auf das, was wir gerade denken, fühlen und tun, ohne zu werten und in Grübeleien, Erinnerungen oder Zukunftsplanungen abzugleiten. In der buddhistischen Tradition ist die Schulung der Achtsamkeit der Schlüssel, um den Geist von seinen Schranken zu befreien und die Wirklichkeit zu erkennen.

Achtsamkeit können Sie bewusst üben, indem Sie mehrmals am Tag, zum Beispiel vor den Mahlzeiten, sich einen Moment Zeit nehmen und inne halten, um sich auf sich selbst zu konzentrieren und sich folgende Fragen zu stellen:

- Was beschäftigt mich gerade?
- Welche Gefühle kann ich im Moment in mir wahrnehmen?
- Wie geht es mir gerade in diesem Augenblick?

Bei dieser Achtsamkeitsübung soll alles beachtet und bewusst wahrgenommen werden, was den Geist beschäftigt. Egal, ob es sich um Körperempfindungen, Gefühle oder Gedanken handelt. Wer diese Übung durchführt, sollte sich aufmerksam beobachten und innerlich benennen, wodurch sein Geist gerade abgelenkt wird. Wenn Sie dies regelmäßig tun, bereichern Sie Ihr Leben täglich um wertvolle, achtsame Augenblicke und bekommen nach und nach wieder mehr Zugang zu Ihrer inneren Stimme. Was in vielen buddhistischen Klöstern zusätzlich praktiziert wird, ist Meditation.

Meditation

Die meisten Meditationsschulen sind in östliche Philosophien eingebettet und preisen Meditationstechniken als Mittel der spirituellen Entwicklung und Bewusstseinserweiterung an. Ein Ziel der Meditation lautet zum Beispiel „Loslassen", was bei dem Aufspüren der eigenen Berufung extrem hilfreich ist. Mittels geistiger Übungen kommen Menschen zu Ruhe und Selbsterkenntnis. Der Meditierende befasst sich mit seinen mentalen Zuständen und Prozessen, wobei er die bewusste Gestaltung des eigenen Bewusstseins übt. Dem Neuropsychologen Ulrich Ott gelang mit seinem Forscherteam der Nachweis, dass Menschen, die regelmäßig meditieren, der Welt und sich selbst gelassener, humorvoller, geduldiger und offener begegnen.[48] Also mit Achtsamkeit.

Ich selbst habe eine längere Zeit regelmäßig meditiert und hatte das Gefühl, in dieser Zeit deutlich ausgeglichener zu sein. Ein besonders intensives Erlebnis in diesem Zusammenhang war ein Meditationswochenende in einem Kloster in Würzburg, wo wir von Freitag- bis Sonntagmittag Zen-Meditation praktizierten und die gesamte Zeit im Schweigen verbrachten. Zwischen den 20-minütigen Meditationsphasen gab es Spaziergänge im Klostergarten, um seine vom Sitzen steifen Glieder aufzulockern. Während der Meditation konzentrierte ich mich auf meine Atmung und versuchte, an nichts Konkretes zu denken. Die Gedanken zogen an meinem inneren Auge vorbei, wie die Wolken am Himmel. Das Ergebnis war verblüffend: Am Sonntag hatte ich das Gefühl, absolut glasklare und messerscharfe Gedanken zu haben. Ein Gefühl und eine Wahrnehmung, die ich bisher nicht kannte.

Mit Meditation können Sie die Wahrnehmung Ihrer inneren Stimme und damit Ihrer Intuition auf jeden Fall fördern. Manch einem meiner Klienten sind in den letzten Jahren beim Meditieren Bilder und Visionen vor dem inneren Auge erschienen, die ihn seine Berufung klar und deutlich erkennen ließen. Versuchen Sie doch einmal, regelmäßig ein- bis zweimal am Tag zu meditieren. Beginnen Sie mit einer Zeitspanne von fünf Minuten und steigern Sie diese langsam auf 10 bis 15 Minuten. Konzentrieren Sie sich während der Meditation auf Ihre Atmung: Bewusstes Einatmen – Pause – bewusstes Ausatmen. Sie entwickeln dabei eine besondere Wahrnehmung für Ihre Atmung. Und lassen Sie beim Meditieren Ihre Gedanken schweifen, so wie die Wolken am Himmel dahinziehen. Vielleicht kommen Ihnen bei der Meditation Erinnerungen, Gedanken, Bilder, Symbole oder klare Gefühle, die Ihnen helfen, Ihre wahre Berufung zu entdecken. Notieren Sie diese bitte anschließend:

Im Folgenden wollen wir betrachten, wie Sie Ihre Kreativität unterstützend zur Entdeckung Ihrer Berufung einsetzen können.

6. Bringen Sie Ihre Kreativität ins Spiel

Auch durch kreative Tätigkeiten, wie zum Beispiel Malen, eine Collage aus Zeitschriften anfertigen oder einen Text schreiben, ist es möglich, seine innere Stimme sprechen zu lassen. Auch dadurch können Sie eine Antwort auf die Frage nach Ihrer Berufung und Ihren vielleicht noch versteckten Begabungen erhalten. Wählen Sie eine der folgenden kreativen Tätigkeiten für sich aus:

- Malen Sie ein inspiriertes Bild zu der Frage nach Ihrer Berufung bzw. Ihrem Traumjob. Was will Ihnen dieses Bild sagen?
- Oder Sie lassen Ihr Inneres sprechen, indem Sie aus Zeitschriften eine Collage anfertigen, die Ihre Lebens- und Berufsträume widerspiegelt. Diese Variante ist übrigens in meinen Workshops sehr beliebt und vor allem etwas für Leute, die glauben, nicht malen zu können.
- Und wenn es Ihnen eher liegt, sich mit Worten auszudrücken, dann schreiben Sie einen spontanen Text. Nehmen Sie ein Blatt Papier und einen Bleistift und lassen Sie sich beim Schreiben von Ihrem Inneren führen. Was sagt Ihnen dieser Text anschließend?

Übrigens ist es sinnvoll, Ihr Bild oder Ihre Collage zum Beispiel in Ihrem Schlafzimmer aufzuhängen und sich vor dem Zu-Bett-gehen noch einmal anzusehen. Ihr Unbewusstes arbeitet nämlich mit Bildern und arbeitet auch nachts, während Sie schlafen, an der Realisierung Ihrer Wünsche, Träume und Ziele.

Und wenn Sie einen Text verfasst haben, dann lesen Sie sich diesen eine Zeitlang regelmäßig ebenfalls vor dem Schlafengehen durch. Auch so bereiten Sie den Boden dafür, dass Ihnen irgendwann – wenn Sie vielleicht gar nicht damit rechnen – Ihre Berufung in Form einer Inspiration zu Ihnen kommt bzw. Ihnen bewusst wird.

7. Schreiben Sie Ihre Berufungsvision

Was haben Sie inzwischen über Ihre Lebensaufgabe, Ihre wahre Berufung, herausgefunden? Welche Begabungen und Talente wollen Sie einsetzen und welche weiter ausbauen? Wie soll Ihr Leben in etwa fünf Jahren aussehen? Welche beruflichen Zukunftsvorstellungen haben Sie und welchen Einfluss haben diese möglicherweise auf Ihr Privatleben? Welche Botschaften hat Ihre innere Stimme Ihnen vermittelt? Was sagt Ihr Verstand dazu?

Gefragt ist Ihre Vision, Ihre ungefähre Vorstellung von der Zukunft, aber noch nicht unbedingt konkrete Details. Dazu kommen wir später.

Es tritt zwar nicht immer das ein, was wir uns wünschen, aber wir erhalten meist das, was wir brauchen, um den nächsten Entwicklungsschritt gehen zu können.

Bitte notieren Sie im Folgenden ihre Zukunftsvision:

____

____

____

____

____

____

____

____

____

Als ich diese Fragen vor einigen Jahren für mich beantwortete, fand ich als Antwort, dass ich in Zukunft gern als Karriereberater, Seminarleiter, Coach, Redner und Autor arbeiten und mich auf Dauer finanziell verbessern wollte. Wie es ist, wenn man seine Berufung gefunden hat, hat Petra Bock sehr schön formuliert:

„Wenn man seine Berufung gefunden hat, ist das Denken klar, rein und eindeutig. Man will nicht mehr, was man wollen soll, sondern das, was man wirklich will."[49] Jetzt wissen Sie, wer Sie sind; Sie sind sich darüber bewusst, was Ihre Begabungen sind und Sie sind sich darüber im Klaren, was Sie zukünftig beruflich machen wollen. Bevor wir uns darüber Gedanken machen, wie Sie Ihren Traumjob in die Realität umsetzen, werden Sie sich zunächst mit der Frage beschäftigen, was Sie bisher alles in Ihrem Leben gelernt haben und was Sie für Ihren Traumjob noch lernen müssen.

Vierter Schritt: Was kann ich sonst noch?

Bestandsaufnahme Ihrer Kenntnisse, Fähigkeiten und Fertigkeiten

> Egal, ob Sie glauben, Sie könnten etwas tun oder ob Sie glauben, Sie könnten etwas nicht tun, Sie haben Recht.
>
> [Henry Ford]

Ziel dieses vierten Schrittes ist eine Bestandsaufnahme Ihrer Kenntnisse, Fähigkeiten und Fertigkeiten sowie die Erstellung Ihres individuellen Kompetenzprofils. Wir arbeiten heraus, was Sie sonst noch so alles können und was Sie noch lernen müssen, um Ihren Traumjob ausüben zu können. Die eben genannten Begriffe sind erklärungsbedürftig und werden daher im Folgenden zunächst erläutert.

Unter Kenntnissen wird hier erworbenes antrainiertes Wissen verstanden, auch im Sinne von wie man etwas macht. Dabei handelt es sich sowohl um Faktenwissen als auch um Erfahrungswissen. Unter Fertigkeiten verstehe ich antrainierte und weiterentwickelte Verhaltensmerkmale wie zum Beispiel Autofahren oder Klavierspielen, während Fähigkeiten eher angeborene beziehungsweise vererbte und weiterentwickelte Verhaltensmerkmale sind, wie zum Beispiel die Fähigkeit, gut mit Zahlen umgehen zu können oder leicht Fremdsprachen erlernen zu können. Voraussetzung für eine Fähigkeit ist in der Regel eine Begabung. Wie wir bereits wissen, wird ein Talent erst dann zu einer Stärke, wenn wir uns das notwendige Wissen angeeignet und es mit Ausdauer, Training und Fleiß weiterentwickelt haben.

Im Folgenden betrachten Sie zunächst zum einen Ihre fachlichen Kompetenzen und zum anderen Ihre sogenannten Schlüsselkompetenzen. Damit sind ursprünglich Qualifikationen als „Schlüssel" zur schnellen, reibungslosen Erschließung von wechselndem Fachwissen gemeint. Inzwischen wurde dieser Begriff jedoch um den Aspekt Persönlichkeit erweitert, beispielsweise die individuelle Einstellung zur Arbeit und Belastbarkeit.[50] Im Arbeitsleben gelten Schlüsselqualifikationen inzwischen als die über die fachliche Kompetenz eines Mitarbeiters hinausgehenden Kenntnisse, Fähigkeiten und Fertigkeiten, zu denen die Methodenkompetenz, die sozialen und personalen Kompetenzen gehören.[51] Zwar veraltet in unserer schnelllebigen Gesellschaft Fachwissen rasch, nicht jedoch der Wesenskern von Schlüsselqualifikationen. Diese werden in allen denkbaren Branchen und bei den unterschiedlichsten Tätigkeiten eingesetzt. Dieses Kapitel abschließend werden Sie herausarbeiten, was für Kenntnisse, Fertigkeiten und Fähigkeiten Sie für Ihren Traumjob noch entwickeln bzw. aufbauen müssen.

1. Ihre Fachkompetenz

Unter der Fachkompetenz wird hier Ihre kognitive Leistungsfähigkeit verstanden, die mit verschiedenen objektiven Leistungstests erfasst und gemessen werden kann. Dies trifft vor allem für die fachliche Kompetenz zu. Darunter wird hier die für den Umgang mit Sachen und zur Erledigung von Sachaufgaben notwendige Befähigung verstanden, die neben theoretischen Kenntnissen auch praktisch anwendbares Handlungswissen umfasst und sowohl intellektuelle als auch handwerkliche Fähigkeiten und Fertigkeiten voraussetzt.[52] Die fachliche Kompetenz bildet das Fundament Ihrer beruflichen Qualifikation. Man erwirbt diese über eine Ausbildung und/oder ein Studium und darüber hinaus über berufliche Tätigkeiten und Weiterbildungsmaßnahmen. Die Fachkompetenz umfasst sowohl berufsbezogene als auch berufsübergreifende Kenntnisse wie zum Beispiel Fremdsprachen, IT-Kenntnisse und wirtschaftliches Allgemeinwissen. Es handelt sich um die Kenntnisse, Fähigkeiten und Fertigkeiten, die man im Lauf eines (Berufs-)Lebens erworben hat, aber auch um die Erfahrung, die damit einhergeht. Insgesamt ist die Fachkompetenz die Grundlage für jegliche berufliche Betätigung. Im Folgenden finden Sie eine Checkliste zu Ihrer individuellen Fachkompetenz, mit der Sie diese auf den Punkt bringen können:

Checkliste Fachliche Kompetenzen

Fachliche Kompetenzen	Stichpunktartige Notizen
Welchen höchsten Schulabschluss haben Sie?	
Welche Fachkenntnisse haben Sie in Ihrer Ausbildung erworben?	
Welche Kenntnisse haben Sie im Studium erworben? Welchen Studienabschluss haben Sie?	
Welche Kenntnisse haben Sie in Praktika erworben?	
Welche beruflichen Tätigkeiten haben Sie in welcher Länge seit oder neben der Ausbildung/dem Studium bis heute ausgeübt?	
Welche Aufgaben und Aufgabenschwerpunkte waren mit den einzelnen Tätigkeiten verbunden?	
An welchen Projekten haben Sie bisher mitgearbeitet und was haben Sie dabei gelernt?	

Checkliste Fachliche Kompetenzen (Fortsetzung)

Fachliche Kompetenzen	Stichpunktartige Notizen
Welches zusätzliche Wissen haben Sie in Fort- und Weiterbildungen aufgebaut?	
Aus welchen Branchen bringen Sie Erfahrungen mit? In welchen Branchen haben Sie bisher gearbeitet?	
Welche Fremdsprachenkenntnisse haben Sie und wie gut sind diese? (Grundkenntnisse, Schulkenntnisse, gute Kenntnisse, fließende Kenntnisse, verhandlungssichere Kenntnisse)	
Verfügen Sie über Auslandserfahrung und damit verbundenes internationales Allgemeinwissen (Haben Sie bereits im Ausland studiert oder gearbeitet? Es zählen Aufenthalte ab 3 Monate aufwärts)	
Wie gut sind Ihre EDV-Kenntnisse? (Betriebssysteme, Textverarbeitung, Tabellenkalkulation, Präsentation, Datenbanken, Kommunikation/E-Mail, Grafik, Fotobearbeitung, DTP, Internet, SAP-Module, Buchhaltung etc.)	

Checkliste Fachliche Kompetenzen (Fortsetzung)

Fachliche Kompetenzen	Stichpunktartige Notizen
Verfügen Sie über beruflich nutzbares Wissen bzw. Kenntnisse, das bzw. die Sie aus der Ausübung von Hobbys gewonnen haben?	

Nachdem Sie sich gerade Klarheit über Ihre Fachkompetenzen verschafft haben, wenden wir uns nun Ihren Schlüsselkompetenzen zu, den sogenannten Soft Skills. Dies sind alle Kompetenzen, die zusätzlich neben der reinen Fachkompetenz den beruflichen und privaten Erfolg bestimmen.[53] Dazu zählen vor allen Dingen die Methodenkompetenz, die soziale Kompetenz und die personale oder Selbstkompetenz. Im Gegensatz zur Fachkompetenz, auch Hard Skills genannt, werden Soft Skills eingedeutscht oft als „weiche" Fähigkeiten und Fertigkeiten bezeichnet. „Weich" meint dabei vor allem, dass sie nicht mit der gleichen Verlässlichkeit und Genauigkeit gemessen und erfasst werden können wie die Hard Skills, für die – wie bereits erwähnt – zahlreiche objektive Leistungstests existieren. Soft Skills lassen sich insofern als Schlüsselqualifikationen bezeichnen, weil sie im Gegensatz zu spezifischen Fachkompetenzen Meta-Fähigkeiten, das heißt übergeordnete Fähigkeiten darstellen, die Sie in verschiedenen Zusammenhängen nutzen können. Beispielsweise beinhaltet das Beherrschen von Präsentations-, Verhandlungs- oder Moderationstechniken in unterschiedlichen Arbeitskontexten nachhaltige Vorteile. Wer einmal das professionelle Präsentieren erlernt hat, kann dieses in verschiedenen Berufen immer wieder anwenden. Die Halbwertszeit von Kenntnissen, Fähigkeiten und Fertigkeiten im Bereich der Soft Skills ist sehr hoch. Schon deshalb lohnt es sich für Sie, diese entsprechend aufzubauen und zu entwickeln.

2. Ihre Methodenkompetenz

Die Methodenkompetenz dient dazu, anstehende Lern- und Arbeitsaufgaben systematisch und selbständig zu lösen und dabei benötigte Hilfsmittel adäquat anzuwenden.[54] Diese Kompetenz beschreibt Ihre Fähigkeiten und Fertigkeiten, durch die Anwendung geeigneter Arbeitsmethoden und –techniken die Arbeit sowohl effektiv als auch effizient zu gestalten. Es geht darum, zunächst die richtigen Dinge zu tun (Effektivität) und in zweiter Hinsicht darum, die Dinge richtig zu tun (Effizienz). Anhand der folgenden Checkliste können Sie Ihre Methodenkompetenz überprüfen.

Eine Ausprägung von +3 bedeutet dabei, dass die entsprechende Methodenkompetenz bei Ihnen sehr stark ausgeprägt ist, während eine Ausprägung von -3 bedeutet, dass die entsprechende Methodenkompetenz überhaupt nicht bei Ihnen vorhanden beziehungsweise nur äußerst schwach ausgeprägt ist.

Checkliste zur Methodenkompetenz							
Lernbereitschaft	+3	+2	+1	0	-1	-2	-3
Organisationsvermögen	+3	+2	+1	0	-1	-2	-3
Entscheidungstechniken	+3	+2	+1	0	-1	-2	-3
Unternehmerisches Denken	+3	+2	+1	0	-1	-2	-3
Kostenbewusstsein	+3	+2	+1	0	-1	-2	-3
Analytisches Denken	+3	+2	+1	0	-1	-2	-3
Strategisches Denken	+3	+2	+1	0	-1	-2	-3
Konzeptionelles Denken	+3	+2	+1	0	-1	-2	-3
Kombinatorisches Denken	+3	+2	+1	0	-1	-2	-3

Checkliste zur Methodenkompetenz (Fortsetzung)							
Problemlösungsfähigkeit	+3	+2	+1	0	-1	-2	-3
Delegationsfähigkeit	+3	+2	+1	0	-1	-2	-3
Systematisches Denken	+3	+2	+1	0	-1	-2	-3
Logisches Denken	+3	+2	+1	0	-1	-2	-3
Zielsetzungsfähigkeit	+3	+2	+1	0	-1	-2	-3
Prioritäten setzen können	+3	+2	+1	0	-1	-2	-3
Projektmanagement	+3	+2	+1	0	-1	-2	-3
Kreativität	+3	+2	+1	0	-1	-2	-3
Innovationsfähigkeit	+3	+2	+1	0	-1	-2	-3
Planerisches Handeln	+3	+2	+1	0	-1	-2	-3
Kenntnisse in Zeitmanagement	+3	+2	+1	0	-1	-2	-3
Führungs-Know-how	+3	+2	+1	0	-1	-2	-3

Bitte tragen Sie in die folgende Tabelle ihre fünf am stärksten ausgeprägten Methodenkompetenzen ein:

Meine fünf stärksten Methodenkompetenzen	
1	
2	
3	
4	
5	

Nach der Methodenkompetenz wollen wir im Folgenden Ihre soziale Kompetenz näher betrachten.

3. Ihre soziale Kompetenz

Die soziale Kompetenz umfasst Kenntnisse, Fähigkeiten und Fertigkeiten, die dazu beitragen, das Verhalten und die Einstellungen von Mitmenschen zielgerichtet zu beeinflussen und die für die soziale Interaktion nützlich und notwendig sind. Dazu zählt beispielsweise, souverän, einfühlsam, fair und konstruktiv mit anderen Menschen umzugehen.[55] Darunter fallen auch die Teamfähigkeit sowie die Fähigkeit zu Empathie, d.h. sich in Andere hineinzuversetzen und einfühlen zu können sowie der konstruktive Umgang mit Konflikten.

Zur sozialen Kompetenz gehören weiterhin die Bereitschaft zur Kooperation mit anderen Menschen, Rücksicht auf die Umwelt und seine Mitmenschen zu nehmen sowie ehrlich und verlässlich gegenüber anderen aufzutreten und zu handeln.

Von großer Bedeutung ist der emotional intelligente Umgang mit Gefühlen und Stimmungen, vor allen Dingen seine eigenen Gefühle konstruktiv in der Interaktion mit anderen zu leiten und auch deren Gefühle und Stimmungen wahrzunehmen und auf sie eingehen zu können. Weiterhin drückt sich die soziale Kompetenz auch darin aus, wie weit man in der Lage ist, seinen Mitmenschen konstruktives Feedback zu geben und selbst Feedback und vor allem Kritik annehmen zu können. Im Folgenden finden Sie eine Checkliste zur sozialen Kompetenz. Die dargestellten Merkmale stellen eine Auswahl dar und erheben keinen Anspruch auf Vollständigkeit.

Eine Ausprägung von +3 bedeutet dabei, dass die entsprechende soziale Kompetenz bei Ihnen sehr stark ausgeprägt ist, während eine Ausprägung von -3 bedeutet, dass die entsprechende Kompetenz überhaupt nicht bei Ihnen vorhanden beziehungsweise nur äußerst schwach ausgeprägt ist.

Checkliste zur sozialen Kompetenz							
Teamfähigkeit	+3	+2	+1	0	-1	-2	-3
Einfühlungsvermögen / Empathie	+3	+2	+1	0	-1	-2	-3
Kommunikationsfähigkeit	+3	+2	+1	0	-1	-2	-3
Konfliktfähigkeit	+3	+2	+1	0	-1	-2	-3
Kontaktfähigkeit	+3	+2	+1	0	-1	-2	-3
Motivationsfähigkeit	+3	+2	+1	0	-1	-2	-3
Toleranz	+3	+2	+1	0	-1	-2	-3
Anpassungsfähigkeit	+3	+2	+1	0	-1	-2	-3
Kompromissbereitschaft	+3	+2	+1	0	-1	-2	-3
Zuhörfähigkeit	+3	+2	+1	0	-1	-2	-3
Integrationsfähigkeit	+3	+2	+1	0	-1	-2	-3
Überzeugungspotenzial	+3	+2	+1	0	-1	-2	-3
Kooperationsfähigkeit	+3	+2	+1	0	-1	-2	-3
Kritikbereitschaft	+3	+2	+1	0	-1	-2	-3
Hilfsbereitschaft	+3	+2	+1	0	-1	-2	-3
Mitarbeiter-Betreuungsfähigkeit	+3	+2	+1	0	-1	-2	-3
Mitarbeiter-Auswahlfähigkeit	+3	+2	+1	0	-1	-2	-3
Mitarbeiter-Förderungsbereitschaft	+3	+2	+1	0	-1	-2	-3
Gesprächsführung	+3	+2	+1	0	-1	-2	-3
Verhandlungsgeschick	+3	+2	+1	0	-1	-2	-3
Führungsfähigkeit	+3	+2	+1	0	-1	-2	-3
Delegationsfähigkeit	+3	+2	+1	0	-1	-2	-3
Kooperationsfähigkeit	+3	+2	+1	0	-1	-2	-3
Rhetorische Fähigkeiten	+3	+2	+1	0	-1	-2	-3
Schriftliches Ausdrucksvermögen	+3	+2	+1	0	-1	-2	-3
Sprachliches Ausdrucksvermögen	+3	+2	+1	0	-1	-2	-3
Diplomatie	+3	+2	+1	0	-1	-2	-3
Begeisterungsfähigkeit	+3	+2	+1	0	-1	-2	-3
Durchsetzungsfähigkeit	+3	+2	+1	0	-1	-2	-3

Bitte tragen Sie in die folgende Tabelle ihre fünf am stärksten ausgeprägten sozialen Kompetenzen ein:

Meine fünf stärksten sozialen Kompetenzen
1
2
3
4
5

Neben der Methodenkompetenz und der sozialen Kompetenz gehört auch die personale Kompetenz zu den Soft Skills, die wir im Folgenden betrachten wollen.

4. Ihre personale Kompetenz

Unter personaler Kompetenz oder auch Selbstkompetenz wird hier die Fähigkeit und Fertigkeit einer Person verstanden, reflexiv selbstorganisiert zu handeln. Das heißt, sich selbst einzuschätzen, produktive Einstellungen, Werthaltungen, Motive und Selbstbilder zu entwickeln, eigene Begabungen, Motivationen, Leistungsvorsätze zu entfalten und sich in und außerhalb der Arbeit kreativ zu entwickeln und zu lernen.[56] Kurzum: Über Kompetenz im Umgang mit der eigenen Person zu verfügen.

Sie verfügen über Selbstkompetenz, wenn Sie verlässliches Wissen darüber gespeichert haben, was gut für Sie ist. Dann können Sie zum Beispiel einen Plan entwickeln und konkrete eigene Ziele formulieren, auf die Sie hinarbeiten.[57]

Dazu gehören einerseits persönliche Arbeitstechniken, welche zu einem bedeutenden Maß die persönliche Effektivität und Effizienz jedes Einzelnen bestimmen. Auf der anderen Seite geht es um innere Einstellungen, Wissenselemente und Erfahrungen, welche die persönliche Souveränität und Ausgeglichenheit fundieren, aber auch Grundlagen für das souveräne Interagieren mit anderen legen. Bestandteil der personalen Kompetenz ist auch das Selbstbewusstsein, wobei nicht nur Selbstsicherheit, sondern auch Selbstkenntnis und Selbstwahrnehmung gemeint sind.

Weiterhin sind Moderationskompetenz, Lernkompetenz sowie die Selbstvermarktungsfähigkeit ebenfalls Bestandteile von personaler Kompetenz.

Zu guter Letzt ist Schlagfertigkeit ein wichtiger Bestandteil der personalen Kompetenz, weil sie entscheidend zur Sicherung der persönlichen Souveränität beiträgt.

Im Folgenden finden Sie eine Checkliste zur personalen Kompetenz, die ebenfalls keinen Anspruch auf Vollständigkeit erhebt. Eine Ausprägung von +3 bedeutet dabei, dass die entsprechende personale Kompetenz bei Ihnen sehr stark ausgeprägt ist, während eine Ausprägung von -3 bedeutet, dass die entsprechende Kompetenz überhaupt nicht bei Ihnen vorhanden beziehungsweise nur äußerst schwach ausgeprägt ist.

Checkliste zur personalen Kompetenz							
Lernbereitschaft	+3	+2	+1	0	-1	-2	-3
Lernfähigkeit	+3	+2	+1	0	-1	-2	-3
Konzentrationsfähigkeit	+3	+2	+1	0	-1	-2	-3
Selbstdisziplin	+3	+2	+1	0	-1	-2	-3
Fähigkeit zur Selbstkritik	+3	+2	+1	0	-1	-2	-3
Kreativität	+3	+2	+1	0	-1	-2	-3
Flexibilität	+3	+2	+1	0	-1	-2	-3
Durchsetzungsvermögen	+3	+2	+1	0	-1	-2	-3
Ausdauer	+3	+2	+1	0	-1	-2	-3
Eigeninitiative	+3	+2	+1	0	-1	-2	-3
Anpassungsfähigkeit	+3	+2	+1	0	-1	-2	-3
Selbstmotivation	+3	+2	+1	0	-1	-2	-3
Leistungsbereitschaft	+3	+2	+1	0	-1	-2	-3
Belastbarkeit	+3	+2	+1	0	-1	-2	-3
Ausdauer/Geduld	+3	+2	+1	0	-1	-2	-3
Pflichtbewusstsein	+3	+2	+1	0	-1	-2	-3
Verantwortungsbewusstsein	+3	+2	+1	0	-1	-2	-3
Zuverlässigkeit	+3	+2	+1	0	-1	-2	-3
Ordnungssinn	+3	+2	+1	0	-1	-2	-3
Ehrlichkeit/Loyalität	+3	+2	+1	0	-1	-2	-3
Vertrauenswürdigkeit	+3	+2	+1	0	-1	-2	-3

Checkliste zur personalen Kompetenz (Fortsetzung)							
Begeisterungsfähigkeit	+3	+2	+1	0	-1	-2	-3
Schlagfertigkeit	+3	+2	+1	0	-1	-2	-3
Zielstrebigkeit	+3	+2	+1	0	-1	-2	-3
Entscheidungsfähigkeit	+3	+2	+1	0	-1	-2	-3
Spontanität	+3	+2	+1	0	-1	-2	-3
Risikobereitschaft	+3	+2	+1	0	-1	-2	-3
Selbstsicherheit	+3	+2	+1	0	-1	-2	-3
Selbstkenntnis	+3	+2	+1	0	-1	-2	-3
Selbstwahrnehmung	+3	+2	+1	0	-1	-2	-3
Selbstständigkeit	+3	+2	+1	0	-1	-2	-3
Überzeugungskraft	+3	+2	+1	0	-1	-2	-3
Unternehmerisches Denken	+3	+2	+1	0	-1	-2	-3
Stresstoleranz	+3	+2	+1	0	-1	-2	-3
Moderationsfähigkeit	+3	+2	+1	0	-1	-2	-3
Repräsentationsfähigkeit	+3	+2	+1	0	-1	-2	-3
Problemlösungsfähigkeit	+3	+2	+1	0	-1	-2	-3
Innovationsfähigkeit	+3	+2	+1	0	-1	-2	-3
Selbstvermarktungsfähigkeit	+3	+2	+1	0	-1	-2	-3
Zielsetzungsfähigkeit	+3	+2	+1	0	-1	-2	-3
Entscheidungsfähigkeit	+3	+2	+1	0	-1	-2	-3
Selbstdisziplin	+3	+2	+1	0	-1	-2	-3
Selbstbeherrschung	+3	+2	+1	0	-1	-2	-3

Bitte tragen Sie in die folgende Tabelle ihre fünf am stärksten ausgeprägten personalen Kompetenzen ein:

Meine fünf stärksten personalen Kompetenzen	
1	
2	
3	
4	
5	

Nachdem Sie bisher Ihre Fachkompetenz dokumentiert haben sowie Ihre am stärksten ausgeprägten Soft Skills in Form der Methodenkompetenz, der sozialen und personalen Kompetenz, werden Sie im nächsten Schritt Ihr individuelles Kompetenzprofil erstellen.

5. Ihr individuelles Kompetenzprofil im Überblick

In die folgende Tabelle tragen Sie bitte Ihre Fachkompetenzen ein sowie Ihre jeweils am stärksten ausgeprägten Methodenkompetenzen, sozialen und personalen Kompetenzen. Bitte überlegen Sie sich auch jeweils Beispiele, wo und wann Sie die jeweiligen Kompetenzen bereits eingesetzt und entsprechende Erfahrungen mit diesen gesammelt haben. Dies zu wissen und ein entsprechendes Bewusstsein zu haben, ist beispielsweise in Vorstellungsgesprächen extrem nützlich. Bitte lassen Sie sich nicht dadurch entmutigen, dass Ihnen hier und da spontan nichts Passendes einfällt, sondern gehen Sie in Ihrer Vergangenheit zurück, bis Sie ein passendes Beispiel gefunden haben.

Ihr individuelles Kompetenzprofil

Fachliche Kompetenzen und Berufserfahrung	Beispiele: In welchem Job bereits eingesetzt?

Methodenkompetenzen	Beispiele: Wo und wann bereits eingesetzt?

Soziale Kompetenzen	Beispiele: Wo und wann bereits eingesetzt?

Ihr individuelles Kompetenzprofil

Personale Kompetenzen	Beispiele: Wo und wann bereits eingesetzt?

Nachdem Sie soeben Ihr individuelles Kompetenzprofil erstellt und Klarheit darüber gewonnen haben, über was für beruflich relevante Kenntnisse, Fähigkeiten und Fertigkeiten Sie verfügen, machen Sie sich im Folgenden bewusst, was Sie noch lernen müssen, um Ihren Traumjob zukünftig ausüben zu können.

6. Was müssen Sie für Ihren Traumjob noch lernen?

Oft muss man, um seine Berufung leben zu können, vorher noch etwas Neues lernen. Teilweise, weil dies gesetzlich so vorgeschrieben ist, wie zum Beispiel bei dem Beruf des Arztes, der zwangsläufig Medizin studieren muss, bevor er praktizieren darf. Oder weil es einfach hilfreich und vernünftig ist. Zum Beispiel ist es sinnvoll, wenn Sie Bewerbungs- und Kommunikationstrainer werden wollen und noch nie unterrichtet haben, vorher einen Kurs zu belegen, in dem Sie lernen, wie man anderen Menschen etwas beibringt. Und wenn Sie bereits erfolgreich als Trainer arbeiten, gibt es Weiterbildungskurse unter dem Motto: „Train the Trainer". Aber es gibt auch genügend Trainer, die solche Kurse nie besucht haben, einfach ins kalte Wasser gesprungen sind und sich warm geschwommen haben. Hören Sie auf Ihre innere Stimme, die Ihnen signalisieren wird, welches für Sie der richtige Weg ist.

Wenn Sie zukünftig als Coach anderen Menschen dabei helfen wollen, Ihr Leben neu zu ordnen und Ihre Lebensqualität zu steigern, ist zwar keine Ausbildung vorgeschrieben, aber trotzdem höchst sinnvoll. Schließlich müssen Sie erst einmal lernen, wie man ein Gespräch strukturiert, welche Fragen wann sinnvoll sind, welche Coaching-Instrumente es gibt und wann Sie jemanden besser an einen Psychotherapeuten weiterleiten.

Den besten Überblick über die verschiedenen Ausbildungs- und Studienberufe können Sie sich im Berufsbildungszentrum (BIZ) der Agentur für Arbeit verschaffen. Dort werden in einer Vielzahl von Mappen, Broschüren und Filmen, aber auch Informationsveranstaltungen, die meisten Berufe detailliert vorgestellt. Um einen allerersten Eindruck von einem Beruf zu bekommen, bieten sich die Lehrfilme auf der Internetseite BERUFETV (www.berufe.tv) der Bundesagentur für Arbeit an.

Je nachdem, welches Berufsziel Ihrer Berufung entspricht, gibt es folgende Wege, um Ihren Traumjob zu erlernen: Zum einen können Sie Assistent von jemandem werden, der den von Ihnen angestrebten Beruf bereits beherrscht und erfolgreich ausübt. Wenn Sie zunächst einmal in einen Beruf hineinschnuppern möchten, bietet sich als Vorstufe zur Assistenz auch ein Tagespraktikum oder ein mehrwöchiges Praktikum an, dass Sie zum Beispiel in Ihrem Urlaub absolvieren können, ohne zuvor irgendwelche weitreichenden Entscheidungen treffen zu müssen.

Dann kommt als nächstes in Betracht, entweder eine Ausbildung (Lehre) oder eine Umschulung zu absolvieren. Eine Ausbildung macht man in einem Betrieb (z. B. Kaufmann oder Tischler) und besucht parallel dazu die Berufsschule (altersabhängig) oder an einer Fachschule (z. B. Erzieher oder Physiotherapeut), während in einer Umschulung zunächst entweder in einem Betrieb oder bei einem Bildungsträger die erforderlichen Kenntnisse im Block theoretisch vermittelt werden und sich dann ein mehrmonatiges Praktikum in einem Betrieb (bei Umschulung über einen Bildungsträger) anschließt.

Neben der normalen Ausbildung gibt es für manche Berufe auch die Möglichkeit, an Berufskollegs Ausbildung und Schulabschluss miteinander zu kombinieren.

Je nachdem, welchen Beruf Sie zukünftig ergreifen möchten kommt möglicherweise auch ein Studium an einer Fachhochschule oder Universität in Frage. Zur Finanzierung eines Studiums können Sie basierend auf einer Internetrecherche entweder BAFÖG oder ein Stipendium beantragen. Beispielsweise gehört zu fast jeder großen politischen Partei eine Stiftung, die Stipendien vergibt. Ebenso gilt dies für Gewerkschaften oder manche Stiftungen, die nicht parteilich gebunden sind.

An dieser Stelle möchte ich explizit darauf hinweisen, dass sich das Internet als hervorragende Recherchemöglichkeit für so ziemlich jedes Problem anbietet.

Voraussetzung für die Zulassung zu einem Studium ist in der Regel das Abitur an der Universität und das Fachabitur für das Studium an einer Fachhochschule. Wenn Sie die kontinuierliche Präsenz an einer Universität nicht leisten können, gibt es zusätzlich die Möglichkeit, ein Fernstudium zu absolvieren. In bestimmten Fällen ist ein Studium auch ohne Abitur möglich. Falls Sie jedoch das Abitur noch machen wollen oder müssen als Voraussetzung für Ihren Traumjob, können Sie dieses auch berufsbegleitend an einem Abendgymnasium tun.

Wenn Sie jetzt denken, Sie sind vielleicht zu alt für ein Studium, dann möchte ich Ihnen mit Allan Stewart ein Beispiel entgegenhalten, dass dies auch im fortgeschrittenen Alter noch möglich ist. Der Australier Allan Stewart hat in seinem Leben drei Studiengänge erfolgreich absolviert. 1936 Zahnmedizin, 2001 Jura und 2012 im Alter von 97 Jahren hat er als Urgroßvater seinen Master in Gesundheitswissenschaften abgeschlossen. Bitte sagen Sie nicht, dass es unmöglich ist, Ihre Berufung in Ihren Traumjob umzusetzen. Es mag schwierig sein und das eine oder andere Opfer erfordern, aber es ist meistens nicht unmöglich.

Als weitere Möglichkeit kommen Aus-, Fort- und Weiterbildungen bei privaten Bildungsinstituten in Frage, die häufig am Wochenende stattfinden oder per Fernstudium absolviert werden können, so dass Sie nicht Ihren momentanen (Brot-)Beruf aufgeben müssen, um eine solche Weiterbildung zu absolvieren.

Und wenn Sie sich selbstandig machen wollen, besuchen Sie zunächst Existenzgründungsveranstaltungen, die von den Volkshochschulen, den Industrie- und Handelskammern oder bei der Wirtschaftsförderungsgesellschaft Ihrer Stadt angeboten werden. Dort lernen Sie zum Beispiel, Ihre Geschäftsidee professionell zu präsentieren oder wie Sie einen Businessplan erstellen, um ein Bankdarlehen zu bekommen. Zum Teil ist der Besuch eines mehrtätigen Existenzgründungsseminars Voraussetzung dafür, eine Förderung aus öffentlichen Geldern zu erhalten.

Im Folgenden notieren Sie bitte, was Sie noch lernen müssen, um Ihren Traumjob ausüben zu können:

____

____

____

____

____

____

____

____

____

____

____

____

____

____

____

Jetzt haben Sie den vierten Schritt auf dem Weg zu Ihrer Berufung gemacht und die Frage beantwortet: „Was kann ich sonst noch?" Dabei kann es sein, dass Ihre bereits ausgeprägten Kompetenzen für Ihre Berufung eine wichtige Rolle spielen, aber es kann auch sein, dass Sie zu dem Ergebnis gekommen sind, etwas für Sie vollkommen Neues anzufangen und in Zukunft machen zu wollen. Etwas, wofür Sie neue Kompetenzen entwickeln und aufbauen müssen. Eine Begabung ist zwar eine wichtige Voraussetzung, um etwas später einmal exzellent zu können, aber sie muss mit Training, Fleiß und Ausdauer zu einem Talent entwickelt werden.

Dafür ist es nie zu spät. So hatte ich in meiner Coachingpraxis eine immerhin bereits 60-jährige Dame, die beruflich noch einmal richtig durchstarten wollte und sich einerseits als Fotomodel bei einer entsprechend spezialisierten Agentur und zum anderen als Modeberaterin beworben hat.

Wenn Sie nicht gerade ein vollkommen utopisches Ziel verfolgen und mit 65 Jahren beschließen, Primaballerina im Bolschoi Staatsballett werden zu wollen (dies ist ein Beispiel für ein Ziel oder einen Traum, der realistischer Weise aufgrund physiologischer Gegebenheiten altersbedingt nicht mehr verwirklicht werden kann), ist nicht prinzipiell alles, aber doch noch wirklich Vieles für Sie möglich.

Im nächsten Schritt werden Sie Ihre wahre Berufung konkret in Ihren Traumjob umsetzen und in Ihr Leben integrieren.

Fünfter Schritt: Die Umsetzung Ihres Traumjobs

Das zu sein, was wir sind, und das zu werden,
was wir in der Lage sind zu werden,
ist der einzige Zweck des Lebens.

[Baruch de Spinoza]

Zunächst geht es darum, Ideen für die Umsetzung Ihrer wahren Berufung in Ihren Traumjob zu bekommen. Hierfür eignet sich am besten ein Brainstorming. Für die Umsetzung der dabei gewonnenen Ideen ist es zusätzlich wichtig, alle weiteren notwendigen Informationen zu recherchieren. Daher zeige ich Ihnen im nächsten Schritt, wie und wo Sie am besten nach Informationen und Kontakten suchen.

Wenn Sie in etwa wissen, was Sie wollen, ist es an der Zeit, sich konkrete Ziele zu setzen. Dabei muss ein Ziel gewissen Anforderungen genügen. Und wenn Sie ein operationales Ziel formuliert haben, können Sie im nächsten Schritt einen Plan zur Umsetzung Ihres Ziels aufstellen.

Wichtig bei einem Plan ist, dass Sie flexibel auf Abweichungen reagieren. Wenn der Plan steht und einzelne Meilensteine formuliert sind, ist es Zeit, dass Sie sich Verstärkung ins Boot holen und eine Arbeitsgruppe gründen, um sich gegenseitig bei der Umsetzung Ihrer Pläne zu unterstützen. Ab einem bestimmten Punkt sind Sie gefordert, praktisch zu handeln sowie verschiedene Dinge auszuprobieren und umzusetzen, denn alle Theorie ist bekanntlich grau.

Und wenn sich Ihr Weg irgendwann mehr oder weniger deutlich abzeichnet, gehen Sie am besten wie die Evolution vor: Dann ist die Kunst der Improvisation gefragt, die nach der Methode von Versuch und Irrtum funktioniert. Manche Dinge werden klappen, andere nicht. Dann probieren Sie eben einen anderen Weg aus.

Zwischendurch ist es zudem wichtig, dass Sie sich sowohl für kleine als auch große Erfolge belohnen. Tun Sie sich etwas Gutes, damit Sie dauerhaft bei Laune – das heißt, motiviert bis in die Haarspitzen – bleiben und Ihr Ziel konsequent verfolgen.

1. Brainstorming: Ideen zur Umsetzung Ihres Traumjobs

Brainstorming ist eine altbekannte Technik zur Ideenfindung und die beste, die ich kenne. Man kann Sie für sich alleine durchführen, zum Beispiel am Schreibtisch, aber auch in der Gruppe. In diesem Fall produziert man natürlich mehr Ideen, als wenn man das Brainstorming alleine durchführt. Dabei empfehle ich Ihnen, dass in der Gruppe jeder seine Ideen zunächst schriftlich festhält, wenn Sie die Grundgedanken Ihrer Berufung erläutert und Ihren Traumjob – sofern dieser zumindest schemenhaft erkennbar ist – skizziert haben.

Wenn ich auf der Suche nach guten Ideen bin, setze ich mich frühmorgens mit einer Tasse Kaffee an den Schreibtisch, nehme einen Bleistift und ein weißes Blatt Papier zur Hand und notiere fünf bis zehn Minuten lang, was mir Schönes einfällt. Meist sind es fünf bis sechs Einfälle pro Sitzung. Das mache ich eine gute Woche lang und habe dann 30 bis 35 Ideen. Erst dann sichte, sortiere und ordne ich meine Ideen. Dieses Vorgehen praktiziere ich schon seit langer Zeit, weil es sich bewährt hat. Vielleicht funktioniert es bei Ihnen ja auch? Oder Sie finden einen anderen Weg, eben Ihren Weg. Probieren Sie es aus!

Das Berufsbild, das Ihrer Berufung entspricht, ist also der Ausgangspunkt für das Brainstorming und es geht konkret um die Frage, wie Sie diese in Ihren Traumjob umsetzen. Haben Sie dafür schon konkrete Vorstellungen oder brauchen Sie noch Ideen? Ihre Bekannten und Freunde können Ihnen diese liefern sowie Kontakte und Informationen oder Ihnen vielleicht bestimmte Fähigkeiten anbieten, wie zum Beispiel eine professionelle Bewerbung zu schreiben.

Die ideale Gruppengröße für ein Brainstorming sind etwa fünf bis sieben Personen. Sie können auch eine Ideenparty veranstalten, zu der jeder etwas zu essen und zu trinken mitbringt. Im ersten Schritt erläutern Sie Ihre Ausgangssituation: All das, was Sie bislang über Ihre Berufung herausgefunden haben und stellen die Frage, wie Sie daraus einen idealen Beruf, Ihren Traumjob, machen können. Die besten Ergebnisse werden Sie erzielen, wenn zunächst jeder Teilnehmer des Brainstorming seine Ideen zu dem Ausgangsproblem aufschreibt. Dafür haben Sie vorher Papier und Bleistifte bereit gelegt. Dann trägt jeder seine Ideen vor und diese werden von den anderen erweitert, ergänzt und modifiziert. Dabei gelten folgende Regeln:

1. Jede Idee ist willkommen.
2. Kritik, Selbstkritik und Killerphrasen („Das geht doch nie!") sind strengstens verboten.
3. Jeder darf Ideen der anderen Teilnehmer aufgreifen und für eigene Vorschläge verwenden.

Einer Ihrer Freunde führt Protokoll und schreibt im ersten Schritt jede Idee, die geäußert wird, auf. Wenn Sie die Ideen diskutiert und erweitert haben, werden sie im dritten Schritt geordnet und sortiert. Die verbleibenden Ideen können anschließend von Ihnen bearbeitet werden.

Je nachdem, was bei Ihnen als Berufung herausgekommen ist, haben Sie folgende generellen Möglichkeiten:

1. Den Job innerhalb der Firma wechseln
2. Die Firma wechseln
3. Beruflicher Aufstieg
4. Wechsel des Berufs
5. Ehrenamt
6. Ihrer Berufung ausschließlich nebenberuflich nachgehen
7. Ihrer Berufung zunächst nebenberuflich nachgehen und immer weiter auszubauen, um sie später hauptberuflich auszuüben.

Bei einem Brainstorming, das ich zu meinem Berufsbild Autor, Redner, Trainer und Coach vor einigen Jahren veranstaltet habe, kamen folgende zunächst unsortierte Vorschläge und Ideen heraus:

- Seminare ehrenamtlich bei Non-Profit-Organisationen anbieten.
- Eine Coaching-Ausbildung machen.
- Seminare zu den Themen Bewerbung und berufliche Neuorientierung an Volkshochschulen anbieten.
- Seminare bei privaten Bildungsträgern anbieten.
- Angebot, einen Kontakt zur Teamleiterin eines Bildungsträgers herzustellen.
- Vorträge an der VHS und an Schulen halten.
- Offene Seminare auf eigene Faust organisieren und anbieten.
- Firmenschulungen zum Thema Konfliktmanagement anbieten.
- Führungsseminare für Firmen anbieten.
- Aufsätze zum Berufungsthema in (Fach-)Zeitschriften veröffentlichen, um Bekanntheitsgrad zu erhöhen.
- Einen Ratgeber über Berufsfindung schreiben mit demselben Ziel.
- Unbedingt spezialisieren (keinen Bauchladen!).
- Eine eigene Homepage erstellen (lassen).
- Seminare an der IHK-Akademie anbieten.
- Seminare zur beruflichen (Neu-)Orientierung an kirchlich getragenen Akademien und politischen Stiftungen anbieten.
- Werbung für Homepage bei Google AdWords machen.
- Seminare bei der HAUFE-Akademie und ähnlichen Seminaranbietern anbieten.
- In der Ausbildung zum Coach aktiv mit kostenlosen (Probe-)Coachings in der Stadtzeitschrift werben, um Erfahrungen zu sammeln.
- Anzeige am schwarzen Brett des Biosupermarktes mit Angebot von kostenlosen (Probe-)Coachings aushängen.
- Solange noch kein eigenes Büro vorhanden ist, Coachings in Cafés und Hotelbars durchführen.
- Visitenkarten drucken lassen.
- Als Quereinsteiger an Berufsschulen unterrichten.

- Als Programmbereichsleiter für das Ressort „Beruf und Wirtschaft" bei Volkshochschulen bewerben.
- Mich in Dozentendatenbanken, zum Beispiel www.dozentenpool24.de, im Internet eintragen.

Die vorstehende Liste ist ungeordnet, so wie dem Protokollanten die Vorschläge genannt worden sind und er sie notiert hat. Betrachtet man die Liste genauer, fällt auf, dass sowohl Ideen zur Umsetzung des Berufsbildes Autor, Redner, Trainer und Coach genannt sind als auch Marketinginstrumente. Daher wird die ursprüngliche Liste zunächst unterteilt und wie folgt sortiert:

1. Vorschläge zur Umsetzung des Berufsbildes Autor, Redner, Coach und Trainer

- Seminare ehrenamtlich bei Non-Profit-Organisationen anbieten.
- Eine Coaching-Ausbildung machen.
- Seminare zu den Themen Bewerbung und berufliche (Neu-)Orientierung an Volkshochschulen anbieten.
- Seminare bei privaten Bildungsträgern anbieten.
- Angebot, einen Kontakt zur Teamleiterin eines Bildungsträgers herzustellen.
- Vorträge an der VHS und an Schulen halten.
- Offene Seminare auf eigene Faust organisieren und anbieten.
- Firmenschulungen zum Thema Konfliktmanagement anbieten.
- Führungsseminare für Firmen anbieten.
- Unbedingt spezialisieren (keinen Bauchladen!).
- Seminare an der IHK-Akademie anbieten.
- Seminare zur beruflichen (Neu-)Orientierung an kirchlich getragenen Akademien und politischen Stiftungen anbieten.
- Seminare bei der HAUFE-Akademie und ähnlichen Seminaranbietern anbieten.
- Als Quereinsteiger an Berufsschulen unterrichten.

2. Marketinginstrumente

- Aufsätze zum Berufungsthema in (Fach-)Zeitschriften veröffentlichen, um Bekanntheitsgrad zu erhöhen.
- Ratgeber über Berufsfindung schreiben mit demselben Ziel.
- Eine eigene Homepage erstellen (lassen).
- Werbung für Homepage bei Google AdWords machen.
- In der Ausbildung zum Coach aktiv mit kostenlosen (Probe-)Coachings in der Stadtzeitschrift werben, um Erfahrungen zu sammeln.
- Anzeige am schwarzen Brett des Biosupermarktes mit Angebot von kostenlosen (Probe-)Coachings.
- Visitenkarten drucken lassen.
- Mich in Dozentendatenbanken, zum Beispiel www.dozentenpool24.de, im Internet eintragen.

3. Übrige Vorschläge

- Unbedingt spezialisieren (keinen Bauchladen!).
- Solange noch kein eigenes Büro vorhanden ist, Coachings in Cafés und Hotelbars durchführen.
- Als Programmbereichsleiter für das Ressort „Beruf und Wirtschaft" bei Volkshochschulen bewerben.

Diese Vorschläge werden jetzt auf ihre Realisierbarkeit hin überprüft und nicht brauchbare Vorschläge, wie zum Beispiel „Als Programmbereichsleiter für das Ressort „Beruf und Wirtschaft" bei Volkshochschulen bewerben" werden aussortiert. Entweder sind sie nicht umsetzbar oder sie passen – wie in diesem Fall – nicht ins Konzept, weil das Berufsbild eine selbständige Tätigkeit war.

Nach diesem Schritt bleiben folgende Vorschläge übrig, zu denen weitere Recherchen angestellt werden:

1. Liste der verbleibenden Vorschläge zur Umsetzung des Berufsbildes „Freiberuflicher Autor, Redner, Trainer und Coach"

- Eine Coaching-Ausbildung machen.
- Seminare zu den Themen Bewerbung und berufliche (Neu-)Orientierung an Volkshochschulen anbieten.

- Seminare bei privaten Bildungsträgern anbieten.
- Angebot annehmen, einen Kontakt zur Teamleiterin eines Bildungsträgers herzustellen.

2. Liste der verbleibenden Marketinginstrumente

- Ratgeber über Berufsfindung schreiben.
- Eine eigene Homepage erstellen (lassen).
- Werbung für Homepage bei Google AdWords machen.
- In der Ausbildung zum Coach aktiv mit kostenlosen (Probe-)Coachings in der Stadtzeitschrift werben, um Erfahrungen zu sammeln.
- Visitenkarten drucken lassen.
- Mich in Dozentendatenbanken, zum Beispiel www.dozentenpool24.de, im Internet eintragen.

3. Liste übriger Vorschläge

- Unbedingt spezialisieren (keinen Bauchladen!).
- Solange noch kein eigenes Büro vorhanden ist, Coachings in Cafés und Hotelbars durchführen.

Welche Möglichkeiten zur weiteren Informationsgewinnung existieren, wird im folgenden Kapitel erläutert.

2. Wie Sie optimal Informationen recherchieren

Sie haben inzwischen eine Reihe konkreter Vorschläge, wie Sie Ihre Berufung in einen konkreten Beruf umsetzen können. Im Folgenden möchte ich Ihnen Möglichkeiten aufzeigen, wie Sie zu Ihren bisher gefundenen Ideen weitere Informationen und Kontakte recherchieren können.

Die wichtigste Recherche- und Informationsquelle ist das Internet. Ich nutze es regelmäßig zu Informationszwecken und habe noch nie nichts zu einem Thema gefunden. Mit Hilfe der gängigen Suchmaschinen finden Sie meist mehr Informationen, als Sie auswerten können.

Eine wichtige Quelle für Informationen und Kontakte ist zudem Ihr persönliches Netzwerk, bestehend aus Arbeitskollegen, Freunden, Bekannten und Verwandten. Auch in Vereinen, bei Elternabenden in der Schule, während Sie im Kindergarten auf Ihr Kind warten oder im Beruf treffen Sie auf Menschen, die Sie gezielt ansprechen können. Schildern Sie ihnen Ihr Problem und vielleicht erhalten Sie eine brauchbare Information oder einen Kontakt. Und sorgen Sie dafür, dass Sie immer genug Visitenkarten bei sich haben. Gemäß dem Kleine-Welt-Phänomen ist jeder Mensch mit jedem anderen Menschen auf dieser Welt über durchschnittlich sechs Ecken bekannt.

Eine weitere gute Informationsquelle sind Printmedien, die Sie in Form von Fachzeitschriften in jeder gut sortierten Bahnhofsbuchhandlung oder in Bibliotheken vorfinden. Bücher und Fachbücher finden Sie in Buchhandlungen, Bibliotheken oder beim Versandhändler Amazon im Internet. Dort finden Sie auch Rezensionen und Bewertungen der Bücher. Sinnvoll ist zudem, täglich die regionale Tageszeitung durchzusehen, vor allem den Lokalteil, in dem interessante Veranstaltungen angekündigt werden. Und im Internet können Sie sich einen Überblick über die überregionalen Tageszeitungen, wie zum Beispiel *FAZ*, *Die Welt* und *SZ* sowie Wochenzeitungen und Nachrichtenmagazine, wie zum Beispiel *Die Zeit* oder den *Spiegel*, verschaffen. Besonderes Augenmerk sollten Sie auf die Berufs- und Karriereseiten überregionaler Tageszeitungen oder spezieller Magazine, wie zum Beispiel *Zeit Campus*, legen und auf Karriereportale im Internet, wie zum Beispiel *www.monster.de* oder *www.staufenbiel.de*.

Weiterhin können Sie wichtige Informationen bei Tagungen von Verbänden und Vereinigungen, Kongressen, Messen und Ausstellungen zu Ihrem Thema erhalten und dort zusätzlich wertvolle Kontakte knüpfen. In Deutschland, Österreich und der Schweiz gibt es solche Veranstaltungen für sehr viele Branchen und zu fast jedem Thema. Außer auf interessante Informationen stossen Sie dort auch auf Menschen, die sich mit Ihrem Thema auskennen und Ihnen einschlägige Informationen geben können.

An Verbänden für Redner, Trainer und Coaches findet man im Internet zum Beispiel folgende:

- German Speakers Association e. V. (GSA e. V., www.germanspeakers.org)
- Deutscher Verband für Coaching und Training (dvct e.V., www.dvct.de)
- Berufsverband für Trainer, Berater, Coaches (BDVT. e.V., www.bdvt.de)

Weiterhin gibt es unter anderen folgende Datenbanken, in die ich mich als Trainer eintragen kann, damit interessierte Bildungsträger mich ansprechen können:

- www.trainer.de
- www.dozentenpool24.de
- www.trainerauskunft.de

Dann gibt es noch die *Gelben Seiten*, die *Grünen Seiten* sowie Branchen-Adressbücher, wie zum Beispiel den *Oeckl* (Handbuch des öffentlichen Lebens) oder *Hoppenstedt* (Adressverzeichnis von Firmen mit interessanten Zusatzinformationen, die man beispielsweise gut für Bewerbungen brauchen kann).

Auch in Foren im Internet kann man wertvolle Informationen bekommen, die es zu den verschiedensten Themen gibt. Dort kann man zum Beispiel eine spezielle Frage stellen und erhält in der Regel mehrere Antworten von Mitgliedern dieser Foren. Meistens sind ganz brauchbare Informationen und Tipps dabei.

Nach wie vor funktioniert aber auch die gute, alte Annonce in der Tageszeitung oder im Stadtmagazin. Auch ein Brief mit einem frankierten Rückumschlag oder eine E-Mail an einen speziellen Experten kann zum Erfolg führen. An dieser Stelle seien auch soziale Netzwerke wie Facebook oder Xing genannt, über die man leicht Menschen, die auf speziellen Gebieten tätig sind, ausfindig machen und kontaktieren kann. So erhielt ich über Xing, wo ich mein Profil hinterlegt habe, von einem Verlag die Anfrage, ob ich nicht einen Bewerbungsratgeber für Studenten schreiben wolle.

Weiterhin sind die in der Erwachsenenbildung tätigen Volkshochschulen eine sehr gute Informationsquelle, da sie Kurse zu vielen verschiedenen Themen anbieten und sich entweder vor oder nach dem Unterricht die Möglichkeit ergibt, mit dem jeweiligen Dozenten zu sprechen, in der Regel einem Experten auf seinem Gebiet.

Wenn Sie Informationen zu bestimmten Produkten oder Dienstleistungen brauchen, können Sie auch darauf spezialisierte Verkäuferinnen und Verkäufer ansprechen. Oft sind diese gelangweilt von ihrer manchmal eintönigen Arbeit und freuen sich, wenn sie Ihnen bei einer Tasse Kaffee ihr Expertenwissen kundtun können.

Zusätzlich können Sie sich an Arbeitsberater der Arbeitsagenturen wenden oder an die Hochschulberaterteams der Universitäten und Fachhochschulen. Dort bekommen Sie Informationen zu Berufsfeldern, Branchen und Unternehmen. Zudem gibt es studentische Vereinigungen wie AIESEC (Fachbereich Wirtschaft) oder ELSA (Fachbereich Jura) oder die VDI-Hochschulgruppen (Ingenieure), die Ihnen entweder mit Informationen weiterhelfen können oder beispielsweise Betriebsbesichtigungen organisieren.[58]

Außerdem gibt es die Möglichkeit, einen Karriereberater oder Coach aufzusuchen, der Sie dabei unterstützt, Ihre Berufung zu finden bzw. in Ihren Traumjob umzusetzen.

Last but not least möchte ich auf Vorträge von Praktikern hinweisen, die zum Beispiel in der regionalen Presse angekündigt werden oder auf der Homepage der Wirtschaftsförderungsgesellschaft Ihrer oder der nächstgrößeren Stadt.

Und wenn man erst einmal für ein bestimmtes Thema sensibilisiert ist, findet man überall neue Informationen. Man geht dann mit für dieses Thema offenen Augen und Ohren durchs Leben. Dabei sind die besten Quellen oft Mitarbeiter einschlägiger Projekte, die Auskunft geben können über interne Abläufe und Besonderheiten. Besonders interessant sind hier Bücher von ehemaligen Managern, die über ihre Branche oder ihr Unternehmen berichten.

Wenn Sie noch nicht über entsprechende Kontakte verfügen, fangen Sie an, diese zu knüpfen. Ausgangspunkt hierfür ist Ihr persönliches Netzwerk. Und Sie wissen ja bereits: Jeder ist mit jedem über durchschnittlich sechs Kontakte verbunden.

3. Setzen Sie sich konkrete Ziele

Bevor Sie einen Plan zur Umsetzung Ihrer Berufung in Ihren Alltag aufstellen können, sollten Sie zunächst konkret Ihren Traumjob als Berufsziel formulieren, soweit Sie dies bisher noch nicht getan haben. Dieser Traumjob ist Ihr angestrebter Wunschzustand, bei dem verschiedene Kriterien erfüllt sein müssen, damit er praktisch umgesetzt werden kann. Selbstverständlich können es auch mehrere Ziele sein, die Sie parallel verfolgen.

Ziele sollten uns herausfordern, aber nicht überfordern. Sie strukturieren unser Leben und geben uns Sinn und Richtung. Die Umsetzung Ihrer Berufung in Ihren Traumjob wird von Ihnen übrigens eher die Haltung eines Langstreckenläufers als die eines Sprinters erfordern. Sie sollten am besten Ausdauer mitbringen. Die Psychologen Edwin Locke und Gary Latham haben in einer umfangreichen Studie herausgefunden, dass am ehesten solche Menschen ihre beruflichen Pläne verwirklichen, die sich sehr genau definierte und vor allem anspruchsvolle, schwierig zu erreichende Ziele setzen. Sie sind glücklicher und zufriedener und ihre Leistung macht sie selbstbewusst, so dass sie sich bald neue, wiederum anspruchsvolle Ziele vornehmen. Sie geraten sozusagen in eine Hochleistungsspirale.

Für jedes Ziel gilt zunächst, dass Sie es inhaltlich so konkret wie möglich fassen. Es geht hier also darum, was Sie tun werden. Wenn Sie zum Beispiel Trainer werden wollen, müssen Sie den Bereich festlegen, den Sie unterrichten bzw. trainieren wollen. Für unser Beispiel würde ein spezifisches Ziel beispielsweise lauten: Ich möchte Bewerbungs- und Kommunikationstrainer werden.

Die nächste Frage, die Sie beantworten sollten, wäre, für wen Sie es tun wollen. Beispielsweise für private Bildungsträger, die Umschulungen durchführen, in deren Rahmen jeweils Bewerbungstrainings stattfinden.

Als Nächstes ist die Frage zu beantworten, ob Sie angestellt oder selbständig arbeiten wollen. In unserem Beispiel soll es um eine freiberufliche, selbständige Tätigkeit gehen.

Eine weitere wichtige Eigenschaft, die ein Ziel aufweisen muss, ist, dass es messbar ist. Also müssen Sie das Ausmaß der Zielerreichung festlegen. Für unser Beispiel könnte ein Ziel beispielsweise folgendermaßen nach dem Ausmaß festgelegt werden: Ich schreibe 25 Bewerbungen als Bewerbungs- und Kommunikationstrainer an die Bildungsträger, die sich im Umkreis von 50 Kilometern um meinen Heimatort befinden.

Weiterhin ist wichtig, dass Sie den Zeithorizont angeben, also bis wann Sie Ihr Ziel erreicht haben wollen. In unserem Beispiel geben Sie sich acht Wochen Zeit, um die 25 Bewerbungen zu schreiben.

Nach Inhalt, Ausmaß und Zeitbezug konkretisiert lautet Ihr Ziel also: In den nächsten acht Wochen schreibe ich genau 25 Bewerbungen als Kommunikations- und Bewerbungstrainer an die Bildungsträger im Umkreis von 50 Kilometern um meine Heimatstadt.

Zusätzlich ist es wichtig, darauf zu achten, dass Ihr Ziel für Sie attraktiv und motivierend ist. Aber wenn es Ihrer wahren Berufung tatsächlich entspricht, ist diese Voraussetzung automatisch erfüllt.

Weiterhin sollten Sie berücksichtigen, was die Verfolgung und Erreichung Ihres Ziels für Ihre unmittelbare Umwelt bedeutet. Was für Konsequenzen hat die Realisierung Ihres Ziels beispielsweise für Ihre Familie, wenn Sie bisher in erster Linie Hausfrau und Mutter waren und nun wieder in Teilzeit arbeiten wollen? Dann müssen sowohl Ihr Mann als auch die Kinder zusätzliche Aufgaben in Haus und Garten übernehmen. Gibt es da eventuelle Konflikte, die es im Vorfeld zu klären gilt?

Und denken Sie daran: Was Sie sich vorstellen können, das können Sie auch erreichen. Sie müssen nur fest an sich selbst glauben. So sagt Katarzyna Mol-Wolf, die heute als selbständige Verlegerin in Hamburg die Zeitschrift „Emotion" herausbringt, nachdem G+J München dem Projekt vor zwei Jahren den Geldhahn zudrehte, weil es die Erwartungen nicht erfüllte: „Ich glaube fest, dass man mit Engagement und Leidenschaft für eine Sache Berge versetzen kann."[59]

Die wenigsten Träume scheitern an finanziellen oder logistischen Mitteln, sondern am mangelnden Durchhaltevermögen oder am fehlenden Glauben an sich selbst.[60] Und wer soll an Sie glauben, wenn nicht Sie selbst? Wichtig ist, dass Sie intrinsisch motiviert sind, denn wenn Sie etwas aus freien Stücken tun und ihr Ziel autonom wählen können, werden Sie es mit Lust, Freude, Energie, Kreativität und Ausdauer verfolgen.

Wichtig ist zudem, dass Sie ein Ziel aus eigener Kraft erreichen können und dass es realistisch ist. Vielleicht müssen Sie vorher noch etwas erlernen? Wenn Sie zum Beispiel Coach werden wollen, ist es zwar nicht gesetzlich vorgeschrieben, aber zumindest sehr sinnvoll, vorher eine entsprechende Ausbildung zu machen.

Bitte formulieren Sie jetzt das Berufsziel, das Ihrer Berufung entspricht, also Ihren Traumjob, so konkret wie möglich und achten Sie darauf, dass alle Zielkriterien erfüllt sind, die ich zuvor genannt habe. Wenn es mehrere Berufsziele gibt, formulieren Sie jedes einzeln für sich. Im nächsten Schritt werden Sie einen Plan erstellen, in dem jedes Ihrer Ziele berücksichtigt bzw. überprüft wird, ob sich Ihre Berufsziele sinnvoll miteinander kombinieren lassen. Beispielsweise lässt sich die Tätigkeit als Autor, Redner, Trainer und Coach nicht nur sinnvoll miteinander kombinieren, sondern es gibt sogar Synergieeffekte zwischen den einzelnen Tätigkeiten, wie zum Beispiel die verstärkte Nachfrage nach Coaching und Training, wenn ich mir einen Namen als Autor gemacht habe.

Außerdem können Sie sich ein Beispiel an Spitzensportlern nehmen. Diese visualisieren häufig den gewünschten Erfolg, indem sie sich ihr Ziel immer und immer wieder im Geiste vorstellen, bis es ihnen in Fleisch und Blut übergegangen ist und ihr Unbewusstes für die Zielerreichung aktiviert ist. Machen Sie es ihnen nach!

4. Stellen Sie einen Plan auf und managen Sie Abweichungen

Jetzt ist es an der Zeit einen Plan aufzustellen, um Ihre Berufung in die Tat – sprich Ihren Traumjob – umzusetzen. Ein Plan beinhaltet ein oder mehrere Ziele, von denen jedes mit einem Endtermin versehen ist. Zu diesen Zielen bauen Sie dann eine Brücke aus Zwischenzielen, wobei Sie die einzelnen Schritte jeweils auf die kleinste Arbeitseinheit herunterbrechen. Mit dieser beginnen Sie dann die Umsetzung Ihres Plans.

Das Wesen eines erfolgreichen Plans besteht darin, dass er sehr genau vorgibt, wann und wo die einzelnen Schritte zum Ziel gemacht werden. Dieses Vorgehen reduziert erheblich die Komplexität. Wenn Sie sich einmal klar gemacht haben, worauf es bei einem guten Plan ankommt, werden Sie nicht nur Ihrem Traumjob näher kommen, sondern auch alle anderen Ziele in Ihrem Leben leichter erreichen.

Übrigens gehört auch Mut zum Scheitern dazu, einen Plan in die Tat umzusetzen. Mutig ist nicht derjenige, der keine Angst hat zu scheitern, sondern jemand, der Angst hat und es trotzdem wagt.[61] Wenn man den Plan nicht 1 : 1 umsetzen kann, muss man flexibel sein und improvisieren, doch dazu mehr im Kapitel „Die Kunst der Improvisation".

Beste Erfahrungen habe ich mit einem rückwärts ausgerichteten Plan gemacht. Diese sogenannte „Retrograde Terminierung" hat Professor Dietrich Adam schon in den 80er Jahren des letzten Jahrhunderts erfolgreich auf die Planung und Steuerung der Produktion in Industriebetrieben angewandt. Ausgangspunkt sind hierbei ein oder mehrere Hauptziele, die Sie in der Zukunft erreichen wollen. Diese notieren Sie am besten auf einem DIN-A 3 oder DIN-A 4-Blatt im Querformat ganz rechts. Für unser Beispiel notieren wir die folgenden Ziele:

1. Als Coach arbeiten
2. Als Redner auftreten
3. Als Autor arbeiten
4. Als Seminarleiter und Trainer arbeiten

Im nächsten Schritt fragen Sie sich, welche Teil- oder Zwischenziele zuvor erfüllt sein müssen, um Ihre Hauptziele zu erreichen. Wenn ich also – um zu unserem Beispiel zurückzukommen – als Coach arbeiten möchte, muss ich vorher eine entsprechende Ausbildung absolvieren.

Um mein zweites Hauptziel zu erreichen und als Redner auftreten zu können, muss ich mir vorher einen Namen als Experte machen und den Ratgeber schreiben, den Sie gerade in Händen halten. Gleichzeitig ist damit das Ziel erfüllt, als Autor zu arbeiten.

Und um mein viertes Hauptziel zu erreichen, neben den Seminaren bei privaten Bildungsträgern und Volkshochschulen zusätzlich Firmenseminare und private Seminare zum Thema Berufsfindung anzubieten, brauche ich ebenfalls einen Expertenstatus, den mir dieser Ratgeber inklusive einer entsprechenden Presse- und Öffentlichkeitsarbeit verschaffen soll.

Damit ergibt sich folgender Zwischenstand, den ich Ihnen in einem sogenannten Flowchart verdeutlichen möchte. Das Flowchart zeigt zunächst nur die logischen Beziehungen zwischen den einzelnen Teilschritten und vernachlässigt im Moment den Faktor Zeit:

Flowchart Haupt- und Zwischenziele

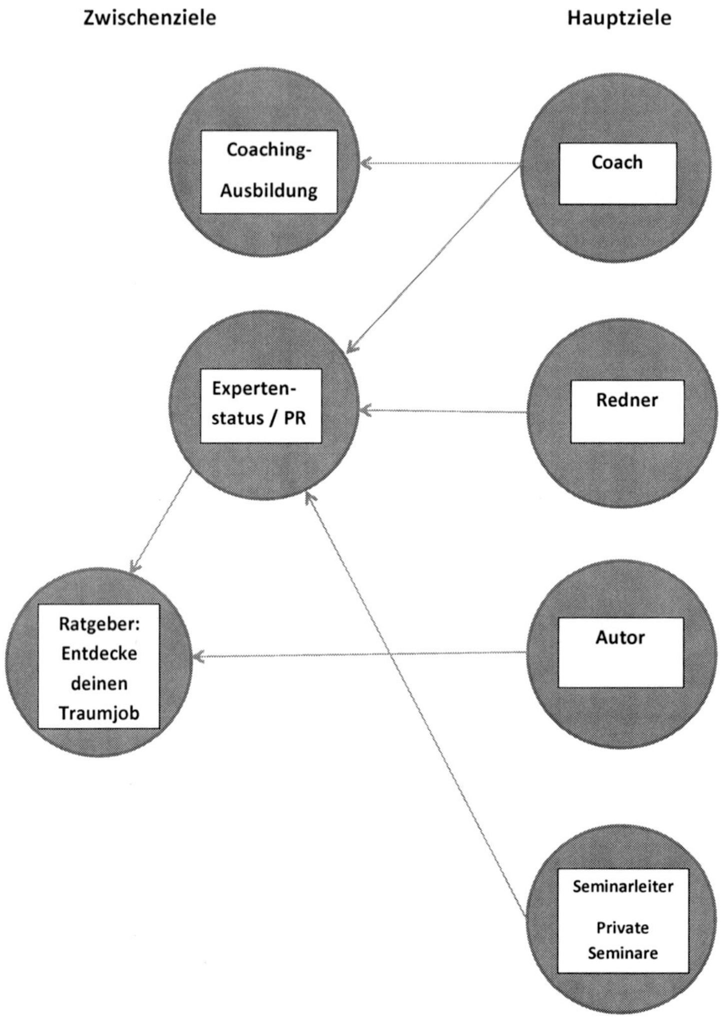

Ein entsprechender Expertenstatus mit der dazu notwendigen Public Relations (PR), zu Deutsch Presse- und Öffentlichkeitsarbeit, ist unbedingt sinnvoll und erforderlich, um drei meiner vier Hauptziele zu erreichen.

Im nächsten Schritt müssen Sie sich Gedanken darüber machen, was für Teilziele wiederum erfüllt sein müssen, um Ihre zuvor definierten Zwischenziele zu erreichen.

Bevor ich eine Coaching-Ausbildung beginnen kann, muss ich zunächst den Markt sondieren. Wer bietet welche Ausbildung an, wie lange dauern diese jeweils und was kosten sie? Wichtig ist zudem, wann die jeweiligen Ausbildungen beginnen.

Um als Redner aufzutreten und vorher ein Buch zu schreiben mit dem Titel „Mit Selbstcoaching zum Traumjob" und das Buch erfolgreich zu vermarkten, muss ich zunächst den Markt sondieren und recherchieren, was andere dazu geschrieben haben. Dann kann ich mir überlegen, wie ich mich davon abgrenzen möchte und was ich Neues bringen werde. An dieser Stelle muss ich also auch ausreichend Zeit zum Lesen einplanen. Ziel dieser Phase ist eine Gliederung zu dem Buchprojekt. Das heißt konkret: Bevor ich mit dem Schreiben des Buches beginnen und als Redner auftreten kann, sind zunächst mehrere Zwischenschritte erforderlich und mehrere Teilziele zu realisieren.

Als privater Seminaranbieter muss ich mir zum Beispiel klar darüber werden, wo ich meine Seminare veranstalten möchte, was sie kosten sollen und mit wie vielen Teilnehmer minimal und maximal ich sie abhalten möchte. Und wie und wo werde ich meine Seminare bewerben? Gibt es eventuell Mitbewerber? Zunächst muss ich also einen geeigneten Seminarraum suchen und die Seminare anschließend bewerben. Dies kann ich zum Beispiel in der lokalen Stadtzeitschrift tun und zusätzlich auf meiner Homepage, die ich hierzu entsprechend überarbeiten muss.

Damit ergibt sich für meine vier Hauptziele folgender Plan, der wieder in einem Flowchart dargestellt ist:

Logische Beziehungen von Zwischen- und Hauptzielen

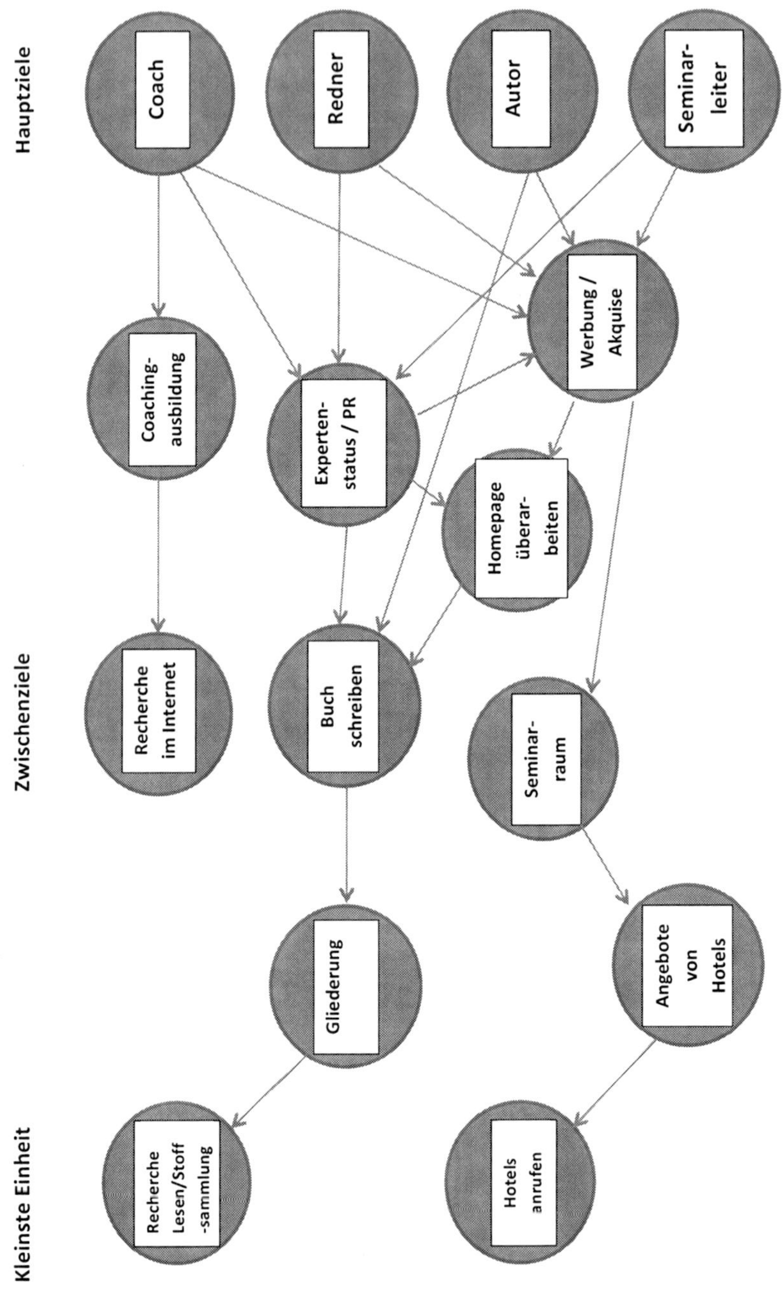

Bringen wir die Vorgehensweise bei der Planung noch einmal auf den Punkt:

1. Ausgangspunkt für die Retrograde Terminierung sind Ihre Hauptziele.
2. Entwickeln Sie aus Ihren Hauptzielen kleinere Zwischenziele, die Sie solange herunterbrechen, bis Sie jeweils die kleinste Arbeitseinheit haben, mit der Sie beginnen können.
3. Jetzt vergeben Sie Termine, bis wann Sie Ihre Hauptziele erreicht haben wollen, wie Sie in folgendem Beispiel sehen können:

Flowchart mit Zeitangaben

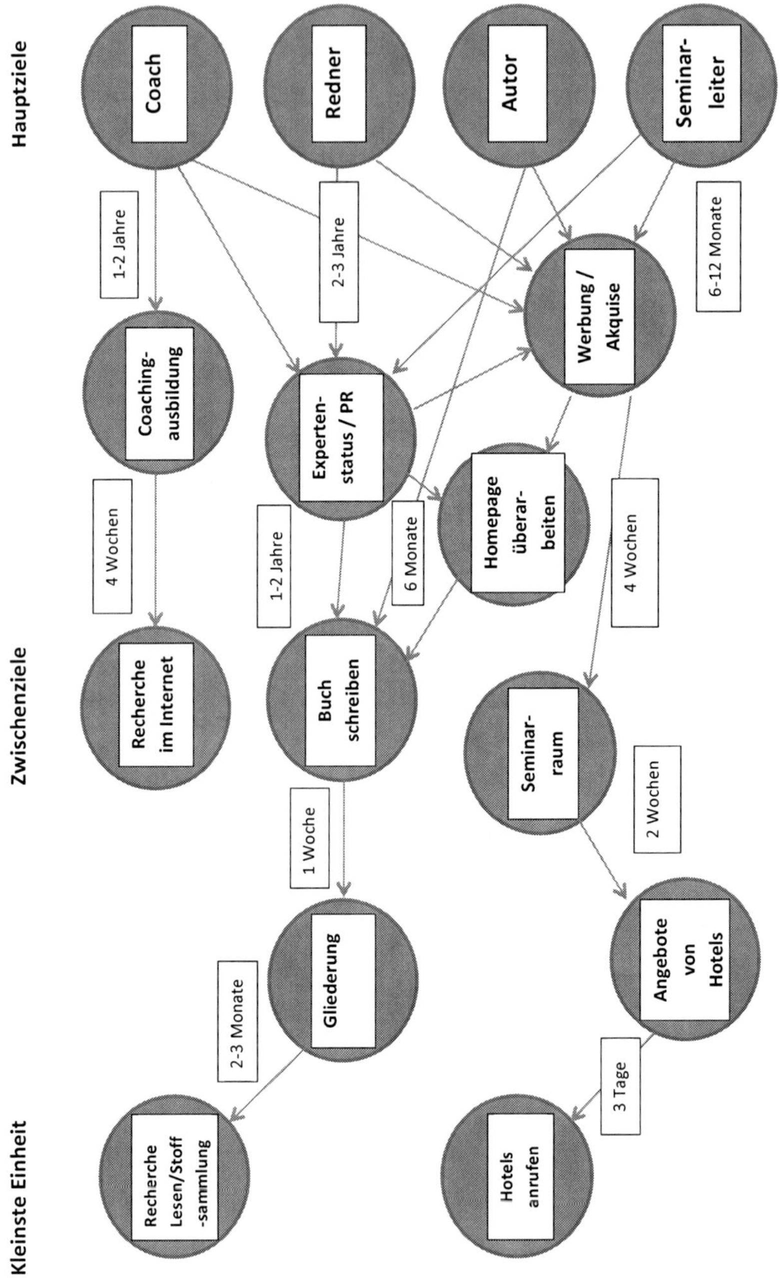

Dabei habe ich nicht alle Pfeile mit Zeitangaben versehen, damit die Abbildung übersichtlich bleibt. Wenn Sie diese Planung für sich machen, nehmen Sie bitte ein hinreichend großes Blatt, am besten im Format DIN-A 3, damit Sie alle erforderlichen Zeitangaben eintragen können und die Übersichtlichkeit trotzdem gewährleistet bleibt.

4. Davon ausgehend planen Sie die zeitliche Erreichung der Zwischenziele. Am besten, Sie planen eher mehr als zu wenig Zeit ein, weil manchmal entweder unvorhergesehene Dinge passieren oder Sie einfach mal einen „Hänger" haben und langsamer vorankommen als erwartet.
5. Die geschätzte Zeitdauer können Sie im Flowchart auf den Verbindungslinien zwischen den einzelnen (Teil-)Zielen notieren.
6. Die Ergebnisse des Flowchart übertragen Sie dann in einen zeitlichen Übersichtsplan, der sich über mehrere Jahre erstrecken kann.

In unserem Beispiel ist ein Gesamtplanungshorizont von etwa drei Jahren erforderlich, um alle vier Hauptziele zu erreichen. Bei Ihnen kann die Gesamtplanungsphase natürlich kürzer sein, aber vielleicht auch länger, wenn Sie beispielsweise noch ein Studium eingeplant haben.

Im Folgenden sehen Sie den Dreijahresplan übersichtlich in einer Tabelle dargestellt:

Plan für die Erreichung der Hauptziele Autor, Coach, Redner und Seminarleiter

Jan. 12	Feb. 12	Mär. 12	Apr. 12	Mai 12	Jun. 12	Jul. 12	Aug. 12	Sept. 12	Okt. 12	Nov. 12	Dez. 12
Recherche Buch Recherche Coaching-Ausbildung	Lesephase Buchprojekt	Lesephase Buchprojekt	Lesephase Buchprojekt	Gliederung Buchprojekt	Beginn Coaching-Ausbildung Buch schreiben	Buch schreiben Verlag für Buch suchen	Buch schreiben Verlag für Buch suchen	Buch schreiben Verlag für Buch suchen	Buch schreiben	Buch schreiben	Überarbeitung Buch
Jan. 13	**Feb. 13**	**Mär. 13**	**Apr. 13**	**Mai 13**	**Jun. 13**	**Jul. 13**	**Aug. 13**	**Sept. 13**	**Okt. 13**	**Nov. 13**	**Dez. 13**
Buch an Verlag senden		Überarbeitung Buch			Ende Coaching-Ausbildung Homepage anpassen	Beginn Arbeit als Coach Werbung / Akquise	Werbung / Akquise	Werbung / Akquise	Buch erscheint PR Werbung / Akquise	Homepage überarbeiten PR	PR Werbung / Akquise
Jan. 14	**Feb. 14**	**Mär. 14**	**Apr. 14**	**Mai 14**	**Jun. 14**	**Jul. 14**	**Aug. 14**	**Sept. 14**	**Okt. 14**	**Nov. 14**	**Dez. 14**
PR Rezension Buch in Zeitung	PR Bericht über Buch im Radio	PR Angebote Seminarraum einholen	Experten-Status Homepage überarbeiten	Werbung für Seminare	Werbung / Akquise	Werbung / Akquise	Werbung / Akquise	Werbung / Akquise	Privates Seminar Werbung / Akquise	Erster Vortrag als Redner an VHS	Werbung / Akquise

Ein Ziel erreicht zu haben, und sei es nur ein kleines Teilziel, ist motivierend und gibt sowohl Kraft als auch Energie für den nächsten Schritt.

Wichtig ist, dass Sie während der Umsetzung Ihrer Berufung in den angestrebten Traumjob weiter Ihren Lebensunterhalt verdienen. Zumindest in den Fällen, in denen Sie nicht auf ein vorzeitiges Erbe oder einen Lotteriegewinn zurückgreifen können. Sicherlich ist es auch möglich und legitim, eine Zeitlang von Arbeitslosengeld zu leben. Schließlich arbeiten Sie daran, Ihren Lebensunterhalt zukünftig mit einer beruflichen Tätigkeit zu verdienen, die Ihrer wahren Berufung entspricht und einen gesellschaftlichen Nutzen stiftet. Dadurch, dass Sie gute Leistungen in Ihrem Traumjob erbringen werden und dem Arbeitsmarkt voraussichtlich länger zur Verfügung stehen werden, als wenn Sie dauerhaft einen mehr oder weniger ungeliebten Brotberuf ausüben und vielleicht irgendwann krank werden. Die zunehmende Anzahl psychischer Erkrankungen bei der arbeitenden Bevölkerung spricht in diesem Zusammenhang klar für sich. Das gilt zumindest für die Fälle, in denen Sie nicht beschließen, Ihre Berufung ausschließlich nebenberuflich oder ehrenamtlich umzusetzen.

Sie können finanziell zeitweise kürzer treten, indem Sie Ihren Lebensstandard reduzieren und nur noch in Teilzeit arbeiten oder zum Beispiel tageweise in Projekten freiberuflich arbeiten, wenn dies in Ihrem derzeitigen Job möglich ist. Letztlich mit dem Ziel, mehr Zeit zu haben, um Ihre Berufung Schritt für Schritt in Ihr Leben zu integrieren. Und um es abschließend einmal deutlich zu sagen: Die Umsetzung und Integration Ihrer Berufung in Ihr Leben kann durchaus mit finanziellen Opfern verbunden sein. Wenn Sie beispielsweise ein gutbezahlter Manager waren und sich entschlossen haben, zukünftig als Künstler zu leben und zu arbeiten, wird dieser Schritt wahrscheinlich mit finanziellen Zugeständnissen verbunden sein. Und als Neuling in einem Beruf dauert es oft eine Zeit, bis Sie es zum Expertenstatus und wahrer Meisterschaft gebracht haben. Es vergeht also in aller Regel eine von Fall zu Fall unterschiedlich lange Zeitspanne, bis Sie in Ihrem neuen Beruf ein steigendes Einkommen erzielen werden. Aber ich verspreche Ihnen, dass Sie Ihren Traumjob mit wesentlich mehr Leidenschaft und Herzblut ausüben werden als Ihren früheren (Brot-)Beruf. Neben einem guten Plan ist das Wichtigste dabei der Glaube an sich selbst.[62]

Im Folgenden möchte ich zeigen, wie Sie sich bei der Integration Ihrer Berufung in Ihr Leben Verstärkung ins Boot holen können, um nicht ganz allein in eine neue und ungewisse Zukunft zu starten.

5. Holen Sie sich Verstärkung ins Boot

Holen Sie sich Verstärkung ins Boot und suchen Sie zwei, drei andere Menschen, die in einer ähnlichen Situation sind wie Sie. Hierzu können Sie eine Anzeige in Ihrem Stadtmagazin oder der Tageszeitung Ihrer Region aufgeben. Die ideale Traumjob-Arbeitsgruppe umfasst drei bis vier Personen, die sich gegenseitig bei der Zielerreichung unterstützen. Eine solche Arbeitsgruppe hatte ich schon im Studium und wir haben uns gemeinsam auf Prüfungen vorbereitet. Sie können sich in regelmäßigen Abständen treffen, zum Beispiel alle 14 Tage. Bis dahin erledigt jeder seine Aufgaben zur Erfüllung der Teil- und Zwischenziele seines Plans.

In der ersten Sitzung sollten Sie sich Spielregeln geben und jeder sollte für die zweite Sitzung einen solchen Plan aufstellen, wie Sie es bereits im vorhergehenden Kapitel getan haben. Dieser Plan wird dann der Reihe nach zur Diskussion gestellt und Sie erhalten wertvolle Anregungen für die Erreichung Ihrer Zwischenziele. Sehen die anderen Probleme, wo Sie bisher keine gesehen haben? Ist dies begründet? Ziel ist es, sich gegenseitig bei der Erreichung Ihrer Ziele zu unterstützen. Dabei geht es in erster Linie um moralische Unterstützung, vor allem, wenn einer von Ihnen mal einen Hänger hat. Auch kann in Ausnahmefällen jemand anders eine für Sie unliebsame Teilaufgabe übernehmen, deren Erledigung Sie sehr viel Überwindung und damit Energie kosten würde. Dafür übernehmen Sie eine Teilaufgabe für denjenigen Ihrer Arbeitsgruppe, der Sie gerade unterstützt. So wäscht eine Hand die andere. Weiterhin können Sie gegenseitig unterstützende und motivierende Anrufe vereinbaren, wenn Sie eine unliebsame (Teil-)Aufgabe vor sich haben. In Ihrer Traumjob-AG sollte das Motto der drei Musketiere gelten: „Einer für alle und alle für einen."

Durch die gemeinsamen regelmäßigen Treffen und die Vereinbarung von Teilzielen mit den dazugehörenden Erfolgsberichten steigt die Wahrscheinlichkeit enorm, dass Sie Ihre jeweiligen Hauptziele erreichen. So gibt es einen gewissen Rechtfertigungsdruck vor der Gruppe und Unterstützung durch diese, den bzw. die Sie nicht hätten, wenn Sie ganz alleine vor sich hin wursteln würden. Zudem bekommen Sie von der Gruppe auch Ideen zur Lösung von Teilproblemen, die Sie ohne Traumjob-AG nicht bekommen würden. Und vielleicht verfügen die anderen über Kontakte oder können Sie ihnen Ihre Kontakte zur Verfügung stellen, die bei der gegenseitigen Zielerreichung nützlich sind.

Zusätzlich können Sie Mentoring einsetzen, um Ihre Ziele zu erreichen, egal, ob Sie freiberuflich arbeiten oder angestellt sind. Mentoring bezeichnet die Tätigkeit einer erfahrenen Person, dem Mentor, ihr Fach- bzw. Erfahrungswissen an eine unerfahrene Person, den Mentee, weiterzugeben. Das Ziel besteht darin, dem Mentee bei seiner persönlichen oder beruflichen Entwicklung zu unterstützen. Es gibt organisierte Mentoren-Programme innerhalb von Unternehmen, Hochschulen und anderen Institutionen, aber Sie können sich einen Mentor auch vor Ort durch eine Zeitungsanzeige suchen oder in einschlägigen Foren im Internet. Auch über den Förderverein für Existenzgründer können Sie einen Mentor finden. Viele erfolgreiche Menschen – vor allem, wenn Sie schon im Ruhestand sind – freuen sich, wenn sie Sie auf Ihrem Weg begleiten können.

Ein weiteres hilfreiches Instrument, das Sie zusätzlich zum Selbstcoaching einsetzen können, ist Coaching. Vor allem dann, wenn Sie gerade alleine nicht weiterkommen. Ein Coach unterstützt Sie dabei, Ihr Leben und Ihre Arbeit zu verändern und Ziele zu erreichen. Im Unterschied zu einem Mentor ist ein Coach speziell für seine Aufgabe ausgebildet. Er hilft Ihnen, Ihr volles Potenzial zu entfalten, indem er Ihnen die richtigen Fragen stellt. Er unterstützt Sie in schwierigen Phasen und hilft Ihnen, dort den Durchblick zu bekommen, wo Sie den Wald vor lauter Bäumen nicht sehen. Nutzen Sie die von den meisten Coachs angebotene Möglichkeit eines kostenfreien Vorgesprächs. Wenn Sie sich von einem Coach bei der Gestaltung Ihrer Zukunft unterstützen lassen wollen, muss neben der fachlichen Kompetenz auch gegenseitige Sympathie vorhanden sein.

Last but not least ist der Aufbau eines persönlichen Netzwerks eine weitere Möglichkeit, Sie bei der Erreichung Ihrer beruflichen Ziele zu unterstützen. In den ersten drei Jahren einer freiberuflichen bzw. selbständigen Existenz sollten Sie ca. 50 Prozent Ihrer Zeit in den Aufbau eines persönlichen Netzwerks stecken. Kontakte zu haben und die „richtigen" Leute zu kennen ist enorm wichtig und hat noch nie jemandem geschadet. Beispielsweise könnte der angehende Coach aus unserem Beispiel während seiner Coaching-Ausbildung kostenlose Coachings anbieten. So bekommt er einerseits Übung im Coachen und andererseits baut er sich ein Netzwerk aus potenziellen Kunden auf und schafft die Basis dafür, weiterempfohlen zu werden. Außerdem ist es wichtig, dass er ein Netzwerk zu anderen Dienstleistern wie zum Beispiel Psycho- und Familientherapeuten, Rechtsanwälten und Ärzten aufbaut, an die er bei Bedarf seine Klienten weiterempfehlen kann und von denen er wiederum weiterempfohlen wird, wenn es um das Thema Coaching geht.

Stellen Sie aus diesen Instrumenten Ihr individuelles Unterstützungspotenzial so zusammen, wie Sie es brauchen und es für Ihre Zwecke sinnvoll ist.

Im nächsten Punkt wollen wir uns damit beschäftigen, wie wichtig es ist, den ersten Schritt zur Umsetzung Ihres Traumjobs zu tun und dass es darauf ankommt, Dinge auszuprobieren, um daraus wichtige Informationen und Erfahrungen zu gewinnen.

6. Ausprobieren und Handeln

Wichtig ist zunächst, den ersten Schritt zu machen und zu handeln. Manchen Menschen fällt dieser Schritt schwer, aber er ist bedeutsam, um von der Ebene der Theorie zur Praxis zu gelangen und letztlich konkrete Erfahrungen auf neuen Gebieten zu machen. Besonders gut eignet sich hierfür ein Tagespraktikum für einen allerersten Eindruck, ein mehrwöchiges Praktikum, dass Sie zum Beispiel im Urlaub absolvieren können oder eine Assistenz, die Sie vielleicht auch nach Feierabend ausüben können. Dadurch gewinnen Sie wertvolle Erfahrungen und einen Eindruck dahingehend, ob es in der Praxis so ist, wie Sie sich es in der Theorie vorgestellt haben. Diese in und durch die Praxis gewonnenen Erfahrungen steuern dann Ihr weiteres Verhalten: Vielleicht stellen Sie fest, dass Dinge Sie nicht so begeistern, wie Sie es sich in Ihren Gedanken vorgestellt haben; dafür erscheinen einem in der Praxis vielleicht andere Dinge interessant, an die man vorher nicht gedacht hat.

Ob beispielsweise Coachen einem Spaß macht, kann man nur dadurch feststellen, dass man es tut. Hier bieten sich Freunde, Bekannte und Verwandte an, um es auszuprobieren.

Als Seminarleiter machte ich die Erfahrung, dass ich nur wenig Freude daran hatte, betriebswirtschaftliche Themen zu unterrichten, obwohl ich das Fach ursprünglich studiert habe. Ich habe mich in der Zwischenzeit weit davon entfernt. Heute halte ich viel lieber Bewerbungstrainings ab oder leite Berufsfindungsseminare. Oft stellt man erst dann fest, wie Dinge sich anfühlen, wenn man sie ausprobiert und selber macht. Nur dann kann man wirklich beurteilen, ob sie einem liegen. Und manchmal ist es in der Praxis anders, als man es sich in der Theorie vorgestellt hat.

Deshalb empfehle ich Ihnen, Dinge unbedingt vorher auszuprobieren, bevor Sie weitreichende Entscheidungen treffen. Geben Sie Ihren derzeitigen (Brot-)Beruf nicht auf, bevor Sie nicht genau wissen, ob Ihnen das Neue, für das Sie sich entschieden haben, in der Praxis wirklich Freude macht. Wenn Sie zum Beispiel Trainer werden wollen, können Sie vorher nebenberuflich ausprobieren, wie sich das für Sie anfühlt. Viele Volkshochschulen suchen neue Dozenten mit interessanten Themen, die abends oder am Wochenende ihre Kurse anbieten. Oder Sie assistieren bei einem solchen Kurs. Auch das könnte ein erster Schritt sein.

Aber was ist, wenn irgendetwas in Ihnen Sie davon abhält, den ersten Schritt zu machen und zu handeln? Wenn Ihr innerer Kritiker Ihnen zum Beispiel immer wieder ins Ohr flüstert: „Lass das lieber, das klappt sowieso nicht." Oder: „Du, du willst das machen? Dass ich nicht lache, das haben doch schon ganz andere versucht!" In diesem Fall kann es ausreichen, wenn Sie Ihren inneren Kritiker beiseiteschieben und sich einen Ruck geben und einfach anfangen. Es kann aber auch sein, dass das Problem tiefer sitzt und nicht mit einem Ruck und der Konzentration Ihres Willens gelöst werden kann. Diesen Fall ausführlich zu erörtern, würde den Rahmen dieses Buches sprengen und ich verweise an dieser Stelle auf die ausgezeichneten Bücher von meinen Kolleginnen Barbara Sher: „Ich könnte alles tun, wenn ich nur wüsste was ich will" und Petra Bock: „Mindfuck. Warum wir uns selbst sabotieren und was wir dagegen tun können". Hier finden Sie sowohl eine Analyse als auch Instrumente und Handlungsempfehlungen, wie Sie innere Blockaden und Widerstände überwinden können.

Im nächsten Kapitel werde ich deutlich machen, dass die Kunst der Improvisation wichtig und hilfreich ist, auf Unvorhergesehenes, Fehlschläge und Planabweichungen zu reagieren. Es geht letztlich um Versuch und Irrtum, einer Strategie, die dem Prinzip der Evolution entspricht.

7. Die Kunst der Improvisation

Wenn Sie Ihre Berufung auf direktem Wege umsetzen und in Ihr Leben integrieren wollen, werden Sie möglicherweise feststellen, dass es den einen richtigen Weg nicht gibt. Sie müssen Kompromisse machen, Umwege gehen und improvisieren. Die Kunst der Improvisation stellt heute eine Kernkompetenz moderner Lebensgestaltung dar.[63] Komplexität, Unberechenbarkeit und Unvorhersehbarkeit machen heute das Leben des Einzelnen immer mehr zu einem schwer kalkulierbaren Projekt.

Immer seltener können Menschen heute langfristige Lebenspläne ideal verwirklichen oder ihre Lebensziele auf direktem Weg erreichen. Das gilt vor allem für den Beruf. Die „Bastelbiografie" wird zum Normalfall. Damit ist eine mehr oder weniger gelungene Anpassung an eine Situation oder an sich verändernde Rollen gemeint sowie das Überstehen von Brüchen im Lebenslauf und das Ersinnen von pragmatischen Zwischenlösungen.

Als Beispiel aus meiner Coachingpraxis möchte ich Jean-Uwe Meyer anführen, der nach dem Abitur Medizin studieren wollte, aber dessen Numerus Clausus (NC) für einen Studienplatz nicht ausreichte. Im Coaching erarbeiteten wir folgende Handlungsalternativen:

1. Studium im Ausland
2. Studienplatz über ein gutes Testergebnis
3. Bewerbung an der privaten Universität Witten/Herdecke, wo es keinen NC gibt
4. Lehre als Krankenpfleger, um die Wartezeit sinnvoll zu überbrücken
5. Medizinstudium als Sanitätsoffizier bei der Bundeswehr
6. Einen Rechtsanwalt beauftragen, um einen Studienplatz einzuklagen.

Schließlich hatte Jean-Uwe Meyer Glück und Köpfchen und absolvierte den Test sowie das sich anschließende Auswahlgespräch so gut, dass er einen Studienplatz bekam. Allerdings war das Testergebnis kein Zufall, sondern er hatte sich mehrere Wochen lang intensiv darauf vorbereitet.

Ziele lassen sich aufbauend auf den bisherigen Ausführungen am besten mit folgendem Vorgehen erreichen:

- Wie Sie schon gesehen haben, werden Hauptziele am besten in kleine Teilziele zerlegt. Dann gehen Sie Ihren Weg in kleinen Schritten.
- Jetzt kommt neu hinzu, dass Sie Ihre eigene Fehlbarkeit stets im Auge behalten.
- Wenn es irgendwie möglich ist, lernen Sie aus Ihren Fehlern.
- Vermeiden Sie irreversible Entscheidungen so lange wie möglich. Deshalb ist es zunächst sinnvoll, Ihre Berufung zu Beginn nebenberuflich auszuüben.
- So bleiben die Kosten einer falschen Wahl überschaubar.

All diese Punkte treffen auf das erfolgreichste Problemlösungsprogramm der Geschichte zu – die Evolution. Also versuchen Sie einen bestimmten Weg und nehmen Sie ein mögliches Scheitern in Kauf. Lernen Sie aus Fehlern und erreichen Sie auf diesem Weg eine allmähliche Verbesserung der Lösung. Oft ist das Leben tatsächlich zu komplex für geradlinige Entwürfe. So beschreibt Paulo Coelho treffend, dass Mensch sein bedeutet, Zweifel zu haben und dennoch seinen Weg fortzusetzen.[64]

Wenn wir genauer hinsehen, stellen wir fest, dass viele, die wir für „Sieger" halten, eine lange Geschichte von Misserfolgen und Niederlagen hinter sich haben. Aber sie haben aus dem Scheitern und aus Fehlern gelernt. Thoma Edison hat knapp 9.000 Versuche durchgeführt, um die Glühbirne zu erfinden. Dabei sollten Sie Fehler nicht nur in Kauf nehmen, sondern als Lernchance akzeptieren und richtig interpretieren. Wohlwissend, dass es für viele schwierig ist, Fehler zuzugeben und ohne großes Aufheben zu korrigieren.

Der Sozialwissenschaftler David Galenson hat die Kreativität von Künstlern, Architekten, Dichtern und anderen Berufsgruppen untersucht und festgestellt, dass es zwar auch mal die große, revolutionäre Idee gab, dass aber die Mehrzahl der Künstler vorsichtig-experimentell nach dem Prinzip von Versuch und Irrtum vorging. So malte Piet Mondrian seine berühmtesten Bilder mit über 70 Jahren.

Und bei der Umsetzung ihrer Berufung dürfte die Anzahl der Menschen noch höher sein, die mit der evolutionären Strategie ihren Traumjob finden. Der britische Ökonom John Kay sagt übrigens, dass es nicht so wichtig ist, wo Sie anfangen, aber dass Sie anfangen: „Wenn Sie mit einem komplizierten Problem oder einem anspruchsvollen Projekt konfrontiert werden, fangen Sie erst einmal *irgendwo* an. Suchen Sie sich einen kleinen Aspekt, der für die Aufgabe relevant erscheint."[65] So kennt jeder, der ein Buch schreibt, das Problem, vor einer leeren Seite zu sitzen und auf Inspiration zu warten. Dieses Warten kann aber sehr lange dauern. Fangen Sie deshalb einfach an!

Im nächsten Punkt möchte ich Ihnen abschließend deutlich machen, dass es gut für Ihr Voranschreiten bei der Umsetzung der Berufung in Ihren Traumjob ist, wenn Sie sich für Erfolge regelmäßig belohnen.

8. Belohnen Sie sich auch für kleine Erfolge

Wenn Sie bis hierher durchgehalten haben, scheint es Ihnen mit der Veränderung Ihres (Berufs-)Lebens wirklich ernst zu sein. Herzlichen Glückwunsch! Sie sind dabei, Ihr Leben neu zu gestalten und Ihre Lebensqualität massiv zu erhöhen. Sie sind auf dem besten Weg, ein zufriedenes Leben zu führen und sich abends vor dem Spiegel zu sagen: „Diesen Tag hätte ich nicht besser leben und nutzen können." Wenn Sie das öfter sagen können – nicht jeden Tag, aber mehrmals die Woche – dann sind Sie ganz nahe daran, Ihre Berufung wirklich zu leben. Dann wachen Sie vermutlich morgens auf und können es kaum abwarten, dass es endlich losgeht.

Halten Sie sich dabei durch kleine Belohnungen bei der Stange, wenn Sie zum Beispiel ein Teilziel erreicht haben. Gönnen Sie sich größere Belohnungen, wenn Sie eines Ihrer Hauptziele erreicht haben. Ich habe die Fertigstellung der Rohfassung dieses Buches beispielsweise mit einem Freund bei einem leckeren Essen in meinem Lieblingsrestaurant gefeiert. Sich selbst zu belohnen ist Teil einer Kultur des Feierns; es gehört dazu, dass Leben zu genießen. Und als ich einen Verlag gefunden hatte, bin ich eine Woche ans Meer gefahren.

Womit wollen Sie sich belohnen? Kaufen Sie sich etwas Schönes oder feiern Sie lieber eine Party, wenn Sie eines Ihrer Ziele erreicht haben? Oder gönnen Sie sich einen Saunabesuch oder einen Wochenendtrip in eine Metropole, die Sie immer schon einmal besuchen wollten?

Notieren Sie zum Abschluss dieses Kapitels – sozusagen als Schlussübung – womit Sie sich belohnen wollen bzw. etwas Gutes tun werden:

a) Für die Erreichung eines Teilziels

____

____

____

____

____

____

b) Für die Erreichung eines Hauptziels

____

____

____

____

____

____

Und zum Schluss: Danke dass Sie bis hierher durchgehalten haben!

Wenn Sie hin und wieder Schwierigkeiten damit haben konsequent zu sein, nehmen Sie es gelassen und bedenken Sie, dass ein Mensch etwa 50 Impulse braucht, um in seinem Leben etwas zu verändern.[66]

Und rechnen Sie damit, dass einige Dinge sich anders als geplant ergeben werden. John Lennon hat das einmal schön mit folgenden Worten auf den Punkt gebracht:

„Leben ist, was dir passiert, während du damit beschäftigt bist, andere Pläne zu machen."

Ausblick: Die Zukunft der Arbeit – Tendenzen

Geh´ nicht nur die glatten Wege,
geh´ Wege, die noch niemand ging,
damit du Spuren hinterlässt und nicht nur Staub.

[Antoine de Saint-Exupery]

Die nachfolgenden Ausführungen sollen Ihnen eine Vorstellung davon vermitteln, wie sich erstens der Arbeitskräftebedarf, zweitens die beruflichen Rahmenbedingungen sowie drittens die Arbeit selbst verändern werden. Sicherlich macht es Sinn, diese Entwicklungen bei Ihrer beruflichen Planung zumindest ansatzweise in die Betrachtung mit einzubeziehen. Allerdings möchte ich Sie explizit dazu ermutigen, Ihren eigenen Weg zu gehen, eben den, den Sie in den vorherigen Kapiteln dieses Ratgebers durch Selbstcoaching herausgefunden haben. Auch wenn Sie sich dabei für ein Berufsbild entschieden haben, das nicht zu den Mangelberufen gehört oder eine Branche, die nicht zu den Wachstumsbranchen zählt. Lassen Sie sich von den nun folgenden Trends also nicht zu stark beeinflussen, denn Trends können sich im Zeitablauf auch ändern. Woher wollen Sie wissen, wie es in 20 Jahren wirklich aussieht? Wichtig ist vor allem, dass Sie Ihrer Berufung folgen und den Mut haben, diese in Ihren persönlichen Traumjob umzusetzen. Ihr Lohn wird ein hohes Maß an innerer Zufriedenheit, Freude an der Arbeit und vielleicht auch materieller Erfolg sein, weil Sie unter diesen Umständen gar nicht anders können, als in Ihrem Beruf erfolgreich zu werden.

Tendenzen im Hinblick auf den zukünftigen Arbeitskräftebedarf

Gemäß einer Studie[67] über die deutsche Arbeitslandschaft im Jahre 2030 geht es in Zukunft eher darum, wie Unternehmen das qualifizierte Personal bekommen, das Sie für ihre Expansion brauchen. Ursache hierfür ist vor allem der demografische Wandel. Nicht die Knappheit an Kapital, sondern an Personal entscheidet dann über Deutschlands künftige Wettbewerbsfähigkeit. Es besteht die Gefahr, dass 2030 rund 5 Millionen Arbeitskräfte fehlen werden, davon circa 2,4 Millionen Hochschulabsolventen. Am größten wird die Lücke bei Ingenieuren, Lehrern sowie Rechts- und Wirtschaftswissenschaftlern sein. Zudem ist ein Trend zur Höherqualifizierung in den entwickelten Industrieländern deutlich erkennbar, da der technische Fortschritt heute in vielen Berufen weit komplexere Fertigkeiten verlangt als früher.[68]

Auch Nichtakademiker, die einen Berufsabschluss haben, werden in vielen Fällen die freie Wahl des Arbeitsplatzes haben, da die Nachfrage nach Arbeitskräften oft größer als das Angebot sein wird. Wer aber ganz ohne beruflichen Bildungsabschluss ist, hat dagegen zunehmend weniger Chancen auf einen Arbeitsplatz. In diesem Segment werden weiterhin Arbeitsplätze abgebaut.

Ansatzpunkte für das Schließen der zukünftigen Fachkräftelücke sind unter anderem Frauen, ältere Arbeitnehmer und junge Menschen mit schlechten Startchancen. Frauen arbeiten häufig in Teilzeit und würden oft gerne mehr arbeiten. Gefragt sind hier flexible Arbeitszeitmodelle für Frauen, damit Familie und Beruf besser miteinander abgestimmt werden können.

Voraussichtlich werden wir in 25 Jahren arbeiten, bis wir über 70 Jahre alt sind. Anders werden wir den Lebensstandard nicht halten können, mit dem wir aufgewachsen sind. Immerhin arbeiten in deutschen Unternehmen 7, 2 Millionen Arbeitnehmer, die über 50 Jahre alt sind. Damit stellen sie gut ein Viertel der Belegschaften. Diese Arbeitnehmer stellen ein bedeutendes Potenzial dar, um die Fachkräftelücke in Zukunft zu decken. Während ihre Beschäftigungsquote in den 90er Jahren unter 40 Prozent gelegen hat, lag sie 2008 bereits bei knapp 54 Prozent und wird in Zukunft weiter ansteigen. Eine hohe Bedeutung kommt in diesem Zusammenhang dem betrieblichen Gesundheitsmanagement zu, um die Anzahl an Fehltagen bei älteren Arbeitnehmern zu reduzieren. Auch unter den prominenten und erfolgreichen Hochleistern sind viele bereits über 60: Zum Beispiel der Sänger Udo Lindenberg, 65; Bayern-Trainer Jupp Heynckes, 67; Verlegerin Alice Schwarzer, 68; Finanzminister Wolfgang Schäuble, 69; Bundespräsident Joachim Gauck, der bereits 72 Jahre alt ist und schließlich Udo Jürgens, der noch mit 77 Jahren Konzerte gibt.[69]

Die deutsche Wirtschaft befindet sich in einem Strukturwandel von der Industrie- zur Dienstleistungs- und Wissensgesellschaft. Dieser erfordert von den Beschäftigten vor allem lebenslanges Lernen. Weiterbildung wird dabei maßgeblich vor dem Verlust des Arbeitsplatzes schützen.

Die Bedeutung von Dienstleistungen für Wertschöpfung und Beschäftigung wird weiter zunehmen. Bereits heute beschäftigt die Industrie nur noch knapp 21 Prozent der Erwerbstätigen, während über 70 Prozent im Dienstleistungssektor tätig sind. Hohe Zuwachsraten werden vor allem jene Branchen haben, die unternehmensnahe Dienstleistungen anbieten. Hierzu gehören Rechts-, Steuer- und Unternehmensberater sowie Ingenieurbüros und Architekten. Außerdem Branchen mit einem hohen Anteil an Unternehmenskunden wie Leasingunternehmen sowie das Grundstücks- und Wohnungswesen. Technologieintensive Branchen wie Datenverarbeitung und Datenbanken sowie Forschung und Entwicklung werden ebenfalls zulegen. Insgesamt wird der zusätzliche Personalbedarf dieser unternehmensnahen Dienstleistungsbranchen bis 2030 vermutlich um 500.000 Beschäftigte zunehmen.

Im Bereich der persönlichen Dienstleistungen, wie zum Beispiel Gesundheits-, Veterinär- und Sozialwesen sowie Erziehung und Unterricht dürfte der zusätzliche Bedarf bei rund 200.000 Arbeitskräften liegen. Einen ähnlichen Bedarf wird es auch bei Verkehrsdienstleistern und in der Luftfahrt geben.

In den Branchen des verarbeitenden Gewerbes werden bis 2030 jedoch voraussichtlich über 800.000 Arbeitsplätze abgebaut werden. Aber auch in der Landwirtschaft und im Bergbau wird es vermutlich an die 200.000 Beschäftigte weniger geben. Massive Beschäftigungseinbußen drohen auch im staatlichen Sektor, wo fast jeder sechste Arbeitsplatz aufgrund der prekären Haushaltslage entfallen wird.

Trotzdem besteht die Gefahr, dass es aufgrund des demografischen Wandels und des schon jetzt bestehenden Fachkräftemangels zu dem bereits angesprochenen Defizit in Höhe von 5 Millionen Arbeitskräften im Jahre 2030 kommen wird. Dabei wird es insbesondere bei akademischen

Berufen in allen wesentlichen Bereichen zu einer Unterdeckung der Nachfrage kommen, sofern die verantwortlichen Akteure nicht zügig Reformen einleiten.

Auch Schüler machen sich heute deutlich mehr Gedanken um ihre berufliche Zukunft als ihre Eltern dies in ihrem Alter getan haben. Wichtig ist, dass auch sie frühzeitig Praktika machen und dabei Kontakte knüpfen, weil eine gute Vernetzung neben der Qualifikation für eine Karriere wichtig ist. Schüler haben immer mehr die Qual der Wahl: Es gibt circa 350 Lehrberufe, ungefähr 16.000 Studienmöglichkeiten an über 400 Hochschulen und weltweit circa 25.000 Berufe, zu denen laufend neue hinzukommen. Einer professionellen Beratung kommt in diesem Zusammenhang eine immer größere Bedeutung zu.

Im Folgenden möchte ich Ihnen noch einige Tendenzen in Bezug auf die Arbeit von Morgen aufzeigen, die sich bereits heute deutlich abzeichnen. Vielleicht können Ihnen diese Tendenzen bei der Entscheidung für Ihren Traumjob hilfreich sein?

Wie sich die Arbeit und das berufliche Umfeld verändern werden

Während Arbeitnehmer früher oft ein ganzes Berufsleben bei einer Firma blieben nach dem Motto, einmal Siemensianer, immer Siemensianer, beträgt die durchschnittliche Verweildauer heute in einem Betrieb circa 10 Jahre mit abnehmender Tendenz. Fach – und Führungskräfte werden in Zukunft noch häufiger Branche, Arbeitgeber und Einsatzort wechseln. Dabei wird es nicht mehr ungewöhnlich sein, in zehn Jahren in fünf verschiedenen Unternehmen in unterschiedlichen Branchen in drei verschiedenen Ländern gearbeitet zu haben.[70]

Auch die Zahl der Selbständigen wird zunehmen. Bereits heute sind eine Million Menschen mehr selbständig als noch 1994. Wie eine moderne Ich-AG suchen sich Beschäftigte heute viel öfter neue Arbeits- bzw. Auftraggeber oder arbeiten ganz oder phasenweise als Selbständige. Fach- und Führungskräfte werden dabei häufiger zwischen Festanstellung und Selbständigkeit hin- und herwechseln oder in Bürogemeinschaften arbeiten. Dabei wird ihrem persönlichen Netzwerk eine noch höhere Bedeutung zukommen als heute schon, um immer wieder neue Jobs und Auftraggeber zu finden.

Auch Mobilität wird immer wichtiger. Mehr als zwei Drittel der Deutschen würde bereits heute für eine attraktive Arbeitsstelle umziehen.

Wie aber wird sich unsere Arbeitswelt inhaltlich in den nächsten Jahren verändern? Insgesamt werden wir flexibler, inhaltsfokussierter und teamorientierter arbeiten. Firmen werden Teams aus verschiedenen Abteilungen bilden, wobei auch regelmäßig externe Freelancer dabei sein werden. Das Team bekommt ein Briefing, eine Deadline und organisiert sich von da an selbst. Eine Weile werden solche Netzwerkstrukturen die alten Muster überlagern – doch mit der Zeit werden sie diese ablösen.[71]

Während Angestellte früher langsam und kontinuierlich in ihrem Unternehmen aufgestiegen sind, sind Erwerbsbiografien heute öfter von Orts-, Branchen- und Arbeitgeberwechseln gekennzeichnet. Kletterkarrieren sind also an die Stelle früherer Kaminkarrieren getreten.

Neben der Führungslaufbahn bietet sich bereits heute die Projektkarriere an, da Teamarbeit in Zukunft einen noch höheren Stellenwert als bereits heute schon erhalten wird. Ein weiterer Trend ist die Expertenkarriere, die auf umfangreichem übergreifendem Wissen in einer Branche aufbaut. Außerdem wird auch der Spezialist eine Rolle spielen, der sein in einem Bereich in die Tiefe gehendes Know-how immer weiter ausbaut. Und schließlich wird noch die auf Ideen und alternativen Denkweisen beruhende Kreativenkarriere eine Rolle spielen, die häufig eine Karriere als selbständiger Einzelkämpfer bzw. Freelancer sein wird, der projektbezogene Aufträge erhält und bearbeitet. Viele Kreative schätzen dabei die Freiheit, ihren Arbeitsort flexibel wählen zu können.[72]

In diesem Zusammenhang gewinnen sogenannte Coworking Spaces immer mehr an Bedeutung, wo man Schreibtische mit Telefon und Internetanschluss auf Stundenbasis anmieten kann. Dort finden Freiberufler, Selbständige und kleine Firmen für Stunden, Tage oder Monate ihren Arbeitsplatz – ganz so, wie es ihre Aufträge erfordern. Zusätzlich hat man dort eine nette Arbeitsatmosphäre und abwechslungsreiche Begegnungen mit anderen Menschen. Diese Bürogemeinschaften sind auch Ausdruck des Wunsches nach sozialen Kontakten.[73]

Auch wird es immer weniger unbefristete Vollzeitstellen, sogenannte Normalarbeitsverhältnisse, geben. Befristete Arbeitsverhältnisse und Teilzeitarbeit werden weiter zunehmen. Bereits heute befinden sich weniger als zwei Drittel der Beschäftigten in einem Normalarbeitsverhältnis.

Festangestellte werden vermutlich ein Maß an Freiheit und Selbstbestimmung haben, wie es bisher nur Freiberufler kannten. Bei Firmen wie Microsoft, die High Potentials für sich gewinnen möchten, ist dies schon heute so: So können sich Mitarbeiter dort ihre Arbeitszeiten frei einteilen, bei Bedarf von zu Hause aus arbeiten und ihren Arbeitsalltag ziemlich frei gestalten. Zwar gilt es, anspruchsvolle Ziele zu erreichen, aber wie die Mitarbeiter diese erreichen, ist ihre Sache.

Dabei wird sich eine erfolgsabhängige Bezahlung immer mehr durchsetzen. Neben einem fixen Anteil wird es einen variablen Anteil in Form von Boni geben. Je größer die Verantwortung ist, desto flexibler wird das Gehalt sein. Und je besser die Leistung, desto höher werden die Boni ausfallen. Microsoft wirbt bereits heute mit attraktiven Vergütungspaketen mit fixen und variablen Anteilen, einem hohen Maß an Selbstverantwortung, einem familienfreundlichen Umfeld und guten Arbeitsbedingungen.[74]

Konventionelle Führung wird an Stellenwert verlieren, wenn die zu führenden Mitarbeiter Wissensarbeiter, also hochqualifizierte und kompetente Fachleute sind. Experten sagen, dass circa 80 Prozent der derzeitigen Führungskräfte falsch an ihrem Platz sind, da in der Arbeitswelt der Zukunft ganz andere Persönlichkeiten gefragt sind.

In Zukunft sind nicht fleißige Fachleute gefragt, die sich in Details verstricken und sich mit Entscheidungen oft ebenso schwer tun wie mit der Motivation von Mitarbeitern. Stattdessen werden vorausschauende Leader gefragt sein, die Mitarbeiter mitnehmen, motivieren und lenken. Darüber hinaus geben sie ihr Wissen weiter und zeigen den Weg.[75]

Wenn diese Entwicklung voranschreitet, werden zukünftig die Meinungsumfragen zur Arbeitszufriedenheit der Mitarbeiter in deutschen Unternehmungen wohl besser ausfallen als die bisherigen. Allein schon deshalb, weil immer mehr Menschen in Zukunft ihrem Traumjob nachgehen werden.

Fazit

Vielleicht werden Sie, nachdem Sie dieses Buch gelesen haben, denken, dass Sie einiges davon schon einmal gehört haben. Sicherlich habe ich das Rad nicht vollständig neu erfunden. Viele halbwegs klugen Gedanken sind von anderen irgendwann schon einmal gedacht worden. Ich habe sie zu einem neuen Ansatz zusammengefügt, durch eigene Überlegungen ergänzt und sie mit meinem Erfahrungsschatz angereichert. Mein persönlicher Wunsch ist, dass die durch diesen Selbstcoachingprozess gewonnenen Erkenntnisse Ihrem Leben einen neuen Impuls geben und Sie für den Rest Ihres Lebens einer Arbeit nachgehen, die Sie in Ihrem tiefsten Inneren zufriedenstellt – eben Ihrem Traumjob. Und ich kann Ihnen aus eigener Erfahrung sagen: Es lohnt sich; ja, es lohnt sich unbedingt!

Anmerkungen

1 Meldung vom 15. Februar 2010 bei www.monster.de. Nicht repräsentative Umfrage unter 3580 Nutzern in Deutschland, Österreich und der Schweiz.

2 Vgl. hierzu und den folgenden Merkmalen der Berufung auch Angelika Gulder, Finde den Job der dich glücklich macht! – Von der Berufung zum Beruf, 2. aktualisierte und überarbeitete Auflage, Campus, Frankfurt/New York 2007, S. 28 f.

3 Vgl. Petra Bock: Die Kunst, seine Berufung zu finden, 2. Auflage, Frankfurt am Main 2008, S. 181.

4 Angelika Gulder: Finde den Job, der dich glücklich macht! – Von der Berufung zum Beruf, 2., aktualisierte und überarbeitete Auflage, Campus, Frankfurt/New York 2007, S. 29.

5 Vgl. Petra Bock: Die Kunst, seine Berufung zu finden, 2. Auflage, Frankfurt am Main 2008, S. 156.

6 Vgl. ebenda, S. 131 f.

7 Petra Bock: Die Kunst, seine Berufung zu finden, 2. Auflage, Frankfurt am Main 2008.

8 Die Fragen stamen aus Max Eggert: Perfect Career – All You Need To Get It Right First Time, London 1994; David H. Maister: True Professionalism – The Courage to Care About Your People, Your Clients and Your Career, New York 1997. Vgl. auch Petra Bock: 100 Fragen Ihr Leben betreffend, München 2009 sowie Jürgen Hesse / Hans Christian Schrader: Praxismappe Berufsfindung, Eichborn, Frankfurt am Main 2007, S. 9 ff..

9 In Anlehnung an Richard Nelson Bolles: Durchstarten zum Traumjob: Das ultimative Handbuch für Ein-, Um- und Aufsteiger, Frankfurt/New York 2009 und Jürgen Hesse/ Hans Christian Schrader, Was steckt wirklich in mir? Die Potenzialanalyse, Frankfurt am Main 2010.

10 Inspiriert durch Paul Ch. Donders / Peter Essler: Berufung als Lebensstil – Aufbrechen in ein wertvolles Leben, Münsterschwarzach 2011, S. 66.

11 In Anlehnung an Paul Ch. Donders/Peter Essler, Berufung als Lebensstil – Aufbrechen in ein wertvolles Leben, Vier-Türme-Verlag, Münsterschwarzach, 2011, S. 74.

12 Arthur F. Miller / Ralph Mattson: The Truth About You – Discover What You Should Be Doing With Your Life, F. H. Revell Co. , Old Tappan 1977.

13 Zum Flow im Beruf siehe Mihaly Csikszentmihalyi: Flow im Beruf – Das Geheimnis des Glücks am Arbeitsplatz, Klett-Cotta, Stuttgart 2004.

14 Ähnlich Jürgen Hesse / Hans Christian Schrader: Praxismappe Berufsfindung, Eichborn, Frankfurt am Main 2007, S. 26. Vgl. zusätzlich Richard Nelson Bolles: Durchstarten zum Traumjob. Das ultimative Handbuch für Ein-, Um- und Aufsteiger, Campus, Frankfurt/ New York, S. 183.

15 Vgl. Paul Ch. Donders / Peter Essler: Berufung als Lebensstil – Aufbrechen in ein wertvolles Leben, Münsterschwarzach 2011, S. 75 ff.

16 Vgl. zu diesen Ausführungen über Werte Lisa Krelhaus: Wer bin ich – wer will ich sein: Ein Arbeitsbuch zur Selbstanalyse und Zukunftsgestaltung, München 2011, S. 78 ff.

17 Vgl. ebenda, S. 80 ff.

18 Vgl. hierzu Bas Kast: Wie der Bauch dem Kopf beim Denken hilft – Die Kraft der Intuition, S. Fischer, Frankfurt am Main 2007, S. 105.

19 Vgl. zu den bisherigen Ausführungen und zum Überblick über die Lebensmotive nach Steven Reiss www.reissprofile.eu/lebensmotive online am 25.03.2013.

20 Vgl. Steven Reiss: Wer bin ich und was will ich wirklich? Mit dem Reiss Profile die 16 Lebensmotive erkennen und nutzen, Redline Verlag, München, 2009, S. 23.

21 Bei den hier verwendeten Fragen zur Selbsteinschätzung und der am Ende dieses Gliederungspunktes erfolgenden Auswertung handelt es sich nicht um den Reiss-Profile Originaltest, der auf einem umfangreichen Fragenkatalog beruht und bei dem die Auswertung im statistischen Vergleich zur kulturellen Norm erfolgt, sondern um Fragen, die zwar auch von Steven Reiss stammen, die jedoch nur eine vage Selbsteinschätzung ermöglichen.

22 Die Darstellung des zentralen Lebensmotivs Macht und der übrigen Lebensmotive erfolgt in enger Anlehnung an Steven Reiss: Wer bin ich und was will ich wirklich? Mit dem Reiss Profile die 16 Lebensmotive erkennen und nutzen, Redline Verlag, München, 2009, S. 58 ff.

23 Diese und die Fragen zu den anderen 15 Lebensmotiven sind entnommen aus Steven Reiss: Wer bin ich und was will ich sein? Mit dem Reiss-Profile die 16 Lebensmotive erkennen und nutzen, München 2009, S. 60 ff. Es sei noch einmal betont, dass es sich dabei nicht um die Fragen des Originaltests handelt und dass mit diesen Fragen für den Leser nur eine vage Selbsteinschätzung seiner Lebensmotive möglich ist.

24 Reiss nennt dieses Bedürfnis Rache/Kampf. Vgl. Steven Reiss: Wer bin ich und was will ich sein? Mit dem Reiss-Profile die 16 Lebensmotive erkennen und nutzen, München 2009, S. 101 ff.

25 An dieser Stelle sei noch einmal angemerkt, dass es sich nicht um den Originaltest nach Steven Reiss handelt, sondern um ein näherungsweises Vorgehen.

26 Vgl. Steven Reiss: Wer bin ich und was will ich sein? Mit dem Reiss-Profile die 16 Lebensmotive erkennen und nutzen, München 2009, S. 57.

27 Vgl. zur Durchführung des vollständigen Tests: Friedbert Gay: DISG-Persönlichkeitsprofil, Offenbach 1999, zur Interpretation auch Lothar Seiwert / Friedbert Gay: Das neue 1x1 der Persönlichkeit, München 2004.

28 In Anlehnung an Paul Ch. Donders/Peter Essler, Berufung als Lebensstil – Aufbrechen in ein wertvolles Leben, Vier-Türme-Verlag, Münsterschwarzach, 2011, S. 74.

29 John L. Holland: Making Vocational Choices: A Theory of Vocational Personalities and Work Environments, Psychological Assessment Research, Odessa 1977.

30 Vgl. hierzu Marcus Buckingham/Donald O. Clifton: Entdecken Sie Ihre Stärken jetzt! Das Gallup-Prinzip für individuelle Entwicklung und erfolgreiche Führung, Campus, Frankfurt am Main/New York 2011, S. 32-67.

31 Deepak Chopra: Die sieben geistigen Gesetze des Erfolgs, Allegria, Berlin 2010.

32 Die Gallup-Organization hat mehr als 2 Millionen beruflich erfolgreiche Menschen untersucht und festgestellt, dass diese in der Regel über mindestens 5 nennenswerte Talente verfügen. Vgl. zu diesen Talenten Marcus Buckingham/Donald O. Clifton: Entdecken Sie Ihre Stärken jetzt! Das Gallup-Prinzip für individuelle Entwicklung und erfolgreiche Führung, Campus, Frankfurt am Main/New York 2011.

33 Barbara Sher: Lebe das Leben, von dem du träumst, dtv premium, München 2007, S. 107 ff.

34 Vgl. Barbara Henke: Finde deine Berufung! Der inneren Führung vertrauen. Ein Sechs-Schritte-Programm, Kösel, München, ohne Jahr, S. 77.

35 Vgl. Marcus Buckingham/Donald O. Clifton: Entdecken Sie Ihre Stärken jetzt! Das Gallup-Prinzip für individuelle Entwicklung und erfolgreiche Führung, Campus, Frankfurt am Main/New York 2011, S. 180.

36 Bei den folgenden Ausführungen haben mich inspiriert Jürgen Hesse / Hans Christian Schrader: Praxismappe Berufsfindung, Eichborn, Frankfurt am Main 2007, S. 37 ff.

37 Vgl. hierzu und den folgenden Ausführungen Bas Kast: Wie der Bauch dem Kopf beim Denken hilft – Die Kraft der Intuition, S. Fischer, Frankfurt am Main 2007, S. 70 – 127.

38 Maja Storch: Das Geheimnis kluger Entscheidungen: Von Bauchgefühl und Körpersignalen, Piper, München 2011, S. 51.

39 Michael Despeghel: Lebe deinen Life-Code. Das Programm für einen typgerechten Lebensstil, Campus, Frankfurt/New York, 2007, S. 65.

40 Maja Storch: Das Geheimnis kluger Entscheidungen: Von Bauchgefühl und Körpersignalen, Piper, München 2011, S. 71.

41 Vgl. hierzu Angelika Gulder: Aufgewacht. Wie Sie das Leben Ihrer Träume finden, Campus, Frankfurt am Main/New York, 2011, S. 217 f.

42 Vgl. hierzu Beate Westphal: Eigentlich wär ich gern . . . Wie Sie Ihre Talente zum Traumjob machen, Campus, Frankfurt/New York, 2010, S. 48.

43 Vgl. Petra Bock: Die Kunst, seine Berufung zu finden, Fischer, Frankfurt am Main, 2005, S. 112.

44 Vgl. Angelika Gulder: Aufgewacht. Wie Sie das Leben Ihrer Träume finden, Campus, Frankfurt am Main/New York, 2011, S. 218.

45 Vgl. hierzu auch Gerd Gigerenzer: Ängste helfen nicht, in: www.zeit.de/campus/2012/01/beileger-interview vom 24.01.2012.

46 Ähnlich Maja Storch: Das Geheimnis kluger Entscheidungen: Von Bauchgefühl und Körpersignalen, Piper, München 2011, S. 60 und S. 26.

47 Die folgende Fantasiereise lehnt sich eng an Angelika Gulder: Aufgewacht! – Wie Sie das Leben Ihrer Träume finden, Campus, Frankfurt am Main 2011, S. 113 f. an.

48 Ulrich Ott: Meditation für Skeptiker. Ein Neurowissenschaftler erklärt den Weg zum Selbst, O. W. Barth, Frankfurt 2010.

49 Petra Bock: Die Kunst, seine Berufung zu finden, Fischer, Frankfurt am Main, 2005, S. 131 f.

50 Kerstin Stender-Monhemius: Schlüsselqualifikationen – Zielplanung, Zeitmanagement, Kommunikation, Kreativität, Beck, München 2006.

51 Zu dem hier verwendeten Kompetenzbegriff sowie zur Fachkompetenz, Methodenkompetenz, sozialen Kompetenz und personalen Kompetenz vgl. von Hartmut Hentig: Einführung in den Bildungsplan 2004, www.bildung-staerkt-menschen.de/service/downloads/sonstiges/Einfuehrung_BP.pdf, Stand: 03.02.2012.

52 Vgl. Rudolf W. Lang: Schlüsselqualifikationen – Handlungs- und Methodenkompetenz, Personale und Soziale Kompetenz, Beck, München 2000.

53 Zum Begriff der Soft Skills vgl. auch www.soft-skills.com, Stand: 03.02.2012.

54 Vgl. de.wikipedia.org/wiki/Methodenkompetenz, Stand: 03.02.2012.

55 Zur sozialen Kompetenz vgl. auch www.soft-skills/sozialkompetenz/index.php, Stand: 03.02.2012.

56 John Erpenbeck & Lutz von Rosenstiel (Hrsg.): Handbuch Kompetenzmessung. Erkennen, verstehen und bewerten von Kompetenzen in der betrieblichen, pädagogischen und psychologischen Praxis, Schäffer-Poeschel, Stuttgart 2003.

57 Vgl. Maja Storch: Das Geheimnis kluger Entscheidungen: Von Bauchgefühl und Körpersignalen, Piper, München 2011, S. 69.

58 Vgl. Uta Glaubitz: Der Job, der zu mir passt. Das eigene Berufsziel entdecken und erreichen, Campus, Frankfurt/New York, 1999/2003/2009, S. 117 f.

59 Ohne Verfasser: Die traut sich was, in: Hamburg. Das Magazin aus der Metropole, April 2012 / Ausgabe 23, S. 13.

60 Vgl. Angelika Gulder: Aufgewacht. Wie Sie das Leben Ihrer Träume finden, Campus, Frankfurt/New York 2011, S. 242.

61 Vgl. ebenda, S. 241.

62 Vgl. Angelika Gulder: Finde den Job, der dich glücklich macht: Von der Berufung zum Beruf, Campus, Frankfurt/New York 2004, S. 161.

63 Vgl. hierzu und den folgenden Ausführungen auch Alex Wolf: Sich durchwursteln. Die Kunst der Improvisation, in: Psychologie Heute, 39. Jahrgang, Heft 5 2012, S. 20-25.

64 Paulo Coelho: Brida, Diogenes, Zürich 2008, S. 202.

65 John Kay: Obliquity – Die Kunst des Umwegs, dtv, München 2011.

66 Vgl. Sabine Asgodom: So coache ich, Kösel, München 2012, S. 83.

67 Studie „Arbeitslandschaft 2030" der Prognos AG von Kai Gramke et al. im Auftrag der Vereinigung der Bayerischen Wirtschaft (VBW).

68 Vgl. Ulrich van Suntum et al.: Wer gewinnt, wer verliert? Globalisierung und Beschäftigungsentwicklung in den Wirtschaftsbranchen, Verlag Bertelsmann Stiftung, Gütersloh, 2010, S. 35.

69 Erste Hilfe Karriere: „Ich stecke 30-jährige in die Tasche. www.spiegel.de/karriere/ berufsleben/0,1518, 792598, 00.html (Spiegel-online vom 19.10.2011)

70 Vgl. hierzu und den folgenden Ausführungen auch Jens Tönnesmann: Die Freiheit nehme ich mir, in: Wirtschaftswoche Global, Nr. 1/2011 vom 12.09.2011, S. 56-59.

71 Einer für alle – alle für einen, Interview mit der Trendforscherin Birgit Gebhardt, in: Hamburg: Das Magazin aus der Metropole, April 2012 / Ausgabe 23, S. 26-27.

72 Vgl. Svenja Hofert: Das Karrieremacherbuch. Erfolgreich in der Jobwelt der Zukunft, Eichborn, Frankfurt am Main, 2009, S. 88.

73 Vgl. Konrad Fischer: Denk mit mir!, in: Wirtschaftswoche Global, Nr. 1/2011 vom 12.09.2011, S. 58.

74 Vgl. Jens Tönnesmann: Die Freiheit nehme ich mir, in: Wirtschaftswoche Global, Nr. 1/2011 vom 12.09.2011, S. 56 – 59.

75 Vgl. Svenja Hofert: Das Karrieremacherbuch. Erfolgreich in der Jobwelt der Zukunft, Eichborn, Frankfurt am Main, 2009, S. 88 f.

Literaturverzeichnis

Bock, Petra: Die Kunst, seine Berufung zu finden, 2. Auflage, Fischer, Frankfurt am Main 2008.

Bock Petra: 100 Fragen Ihr Leben betreffend, Knaur, München 2009.

Bock, Petra: MINDFUCK: Warum wir uns selbst sabotieren und was wir dagegen tun können, Knaur, München 2011.

Buckingham, Marcus / Clifton, Donald O.: Entdecken Sie Ihre Stärken jetzt! Das Gallup-Prinzip für individuelle Entwicklung und erfolgreiche Führung, Campus, Frankfurt am Main/New York 2011.

Chopra, Deepak: Die sieben geistigen Gesetze des Erfolgs, Allegria, Berlin 2010.

Csikszentmihalyi, Mihalyi: Flow im Beruf: Das Geheimnis des Glücks am Arbeitsplatz, Klett-Cotta, Stuttgart 2004.

Despeghel, Michael: Lebe deinen Life-Code: Mühelos fit und gesund – Das Programm für einen typgerechten Lebensstil, Camus, Frankfurt/New York 2007.

Donders, Paul Ch. / Essler, Peter: Berufung als Lebensstil: Aufbrechen in ein wertvolles Leben, Vier-Türme-Verlag, Münsterschwarzach 2011.

Eggert, Max: Perfect Career: All You Need To Get It Right First Time, Random House, London 1994.

Gay, Friedberg: DISG-Persönlichkeitsprofil: Verstehen Sie sich besser – Schöpfen Sie Ihre Möglichkeiten aus – Entdecken Sie Ihre Stärken und Schwächen, 13. Auflage, GABAL, Offenbach 1999.

Glaubitz, Uta: Der Job, der zu mir passt: Das eigene Berufsziel entdecken und erreichen, Campus, Frankfurt/New York 2009.

Gulder, Angelika: Finde den Job, der dich glücklich macht: Von der Berufung zum Beruf, Campus, Frankfurt/New York 2004.

Gulder, Angelika: Aufgewacht!: Wie Sie das Leben Ihrer Träume finden, Campus, Frankfurt/New York 2011.

Hesse, Jürgen / Schrader, Hans Christian: Praxismappe Berufsfindung: Entdecken Sie Ihre Fähigkeiten und wählen Sie den Job, der zu Ihnen passt, Eichborn, Frankfurt am Main 2007.

Hesse, Jürgen / Schrader, Hans Christian: Was steckt wirklich in mir? Die Potenzialanalyse, Eichborn, Frankfurt am Main 2010.

Hofert, Svenja: Das Karrieremacherbuch. Erfolgreich in der Jobwelt der Zukunft, Eichborn, Frankfurt am Main 2009.

Holland, John L.: Making Vocational Choices: A Theory of Vocational Personalities and Work Environments, Psychological Assessment Research, Odessa 1977.

Kast, Bas: Wie der Bauch dem Kopf beim Denken hilft: Die Kraft der Intuition, S. Fischer, Frankfurt am Main 2007.

John Kay: Obliquity – Die Kunst des Umwegs, dtv, München 2011.

Knoblauch, Jörg: Dem Leben Richtung geben: In drei Schritten zu einer selbstbestimmten Zukunft, Campus, Frankfurt 2003.

Krelhaus, Lisa: Wer bin ich – wer will ich sein? Ein Arbeitsbuch zur Selbstanalyse und Zukunftsgestaltung, 7. Auflage, mvg Verlag, München 2011.

Lang, Rudolf W.: Schlüsselqualifikationen – Handlungs- und Methodenkompetenz, Personale und Soziale Kompetenz, Beck, München 2000.

Maister, David H.: True Professionalism: The Courage to Care About Your People, Your Clients and Your Career, The Free Press, New York 1997.

Miller, Arthur: The truth about you, Old Tapan 1977.

Nelson Bolles, Richard: Durchstarten zum Traumjob: Das ultimative Handbuch für Ein-, Um- und Aufsteiger, 9. aktualisierte und überarbeitete Auflage, Frankfurt/New York 2009.

Reiss, Steven: Wer bin ich und was will ich wirklich? Mit dem Reiss-Profile die 16 Lebensmotive erkennen und nutzen, REDLINE, München 2009.

Seiwert, Lothar / Gay, Friedbert: Das neue 1x1 der Persönlichkeit: Sich selbst und andere besser verstehen mit dem DISG-Modell – Der Praxisleitfaden zu mehr Menschenkenntnis und Erfolg, Gräfe und Unzer, München 2004.

Sher, Barbara: Wishcraft. Wie ich bekomme, was ich wirklich will, dtv premium, München 2010.

Sher, Barbara: Ich könnte alles tun, wenn ich nur wüsste, was ich will, dtv premium, München 2005.

Sher, Barbara: Lebe das Leben, von dem du träumst, dtv premium, München 2007.

Stender-Monhemius, Kerstin: Schlüsselqualifikationen: Zielplanung, Zeitmanagement, Kommunikation, Kreativität, Beck im dtv, München 2006.

Storch, Maja: Das Geheimnis kluger Entscheidungen. Von Bauchgefühl und Körpersignalen, Piper, München 2011.

Westphal, Beate: Eigentlich wäre ich gern . . . : Wie Sie Ihre Talente zum Traumjob machen, Campus, Frankfurt/New York 2010.

Informationen zum Autor

Dr. Jürgen Nawatzki ist Karriereberater, Trainer, Coach und Inhaber der *Dr. Nawatzki Karriereberatung!* in Paderborn. Sein Spezialgebiet ist es, andere Menschen bei der Entdeckung und Umsetzung ihrer wahren Berufung zu unterstützen. Weitere Informationen finden Sie im Internet unter:

http://www.dr-nawatzki-karriereberatung.de

Seine größte Leidenschaft jedoch gilt dem Schreiben.

Feedback zu diesem Buch können Sie ihm geben unter:

Mail: jn@dr-nawatzki-karriereberatung.de

Telefon: 05251 6827881

Printed by Printforce, the Netherlands